牛顿科学馆

Newton
Science Museum

解析几何方法漫谈

王敬赓　岳昌庆◎主编
王敬赓◎编著

北京师范大学出版集团
BEIJING NORMAL UNIVERSITY PUBLISHING GROUP
北京师范大学出版社

图书在版编目(CIP)数据

解析几何方法漫谈/王敬赓,岳昌庆主编. —北京:北京师范大学出版社,2017.6(2018.12重印)

(牛顿科学馆)

ISBN 978-7-303-21943-8

Ⅰ. ①解… Ⅱ. ①王… ②岳 Ⅲ. ①解析几何—普及读物 Ⅳ. ①O182-49

中国版本图书馆 CIP 数据核字(2017)第 015856 号

营销中心电话 010-58805072 58807651
北师大出版社学术著作与大众读物分社网 http://xueda.bnup.com

出版发行:北京师范大学出版社 www.bnup.com
北京市海淀区新街口外大街 19 号
邮政编码:100875

印 刷:三河市兴达印务有限公司
经 销:全国新华书店
开 本:890 mm×1240 mm 1/32
印 张:7.75
字 数:175 千字
版 次:2017 年 6 月第 1 版
印 次:2018 年 12 月第 2 次印刷
定 价:30.00 元

策划编辑:岳昌庆 责任编辑:岳昌庆
美术编辑:王齐云 装帧设计:王齐云
责任校对:陈 民 责任印制:马 洁

序　言

按照近代数学的观点，有一类变换就有一种几何学。初等几何变换既是初等几何研究的对象，又是初等几何研究的方法。《几何变换漫谈》较为详细地介绍了平移、旋转、轴反射及位似等初等几何变换的性质，并配有应用这些变换解题的丰富的例题和习题。书中还通过平行投影和中心投影，简要地介绍了仿射变换和射影变换。最后还直观形象地介绍了拓扑变换。

哲学家笛卡儿通过建立坐标系，用代数方法来研究几何，具体说就是用方程来研究曲线，这就是解析几何方法的实质。解析几何最初就叫坐标几何。《解析几何方法漫谈》通过解析几何创立的历史，解析几何方法与传统的欧几里得几何方法的比较，对解析几何方法进行了深入的分析，并介绍了解析几何解题方法的若干技巧，如轮换与分比、斜角坐标系的应用、旋转与复数及解析几何方法的反用，等等。

为了扩大青少年朋友们关于近代几何学的视野，向他们尽可能通俗直观地介绍一点关于拓扑学——外号叫橡皮几何学——的知识，《橡皮几何学漫谈》选择了若干古老而有趣的、但属于拓扑学范畴的问题，包括哥尼斯堡七桥问题、关于凸多面体的欧拉公式以及地图着色的四色问题，等等。当然也通俗直观地介绍关于拓扑学的一些基本概念和方法，还谈到了纽结和链环等。

北京师范大学出版社将上述 3 本"漫谈"，收录入该社编辑的科普丛书——"牛顿科学馆"同时出版。

　　努力和尽力为广大青少年数学爱好者做一点数学普及工作，是我心中的一个挥之不去的愿望，谨以上述 3 本"漫谈"贡献给广大读者。

　　我把这 3 本小书都取名为"漫谈"，以区别于正统的数学教科书，希望这几本小书能体现科学性、趣味性和思想性的结合，努力实现"内容是科学的，题材是有趣的，叙述是通俗直观的，阐述的思想是深刻的"这一写作目标。

　　著名数学教育家波利亚曾指出，数学教育的目的是"教年轻人学会思考"。因此，讲解一道题时，分析如何想到这个解法，比给出这个解法更重要。遵循波利亚这一教导，在各本"漫谈"的叙述方式上，都力求尽可能说清楚"如何想到的"。始终不忘"训练思维"这一核心宗旨，这也可以说是上述 3 本"漫谈"的一个显著特点。总结起来就是从引起兴趣入手，通过训练思维，从而达到提高能力的目的。

王敬赓

2016 年 6 月于北京师范大学

前言

被数学界誉为"迄今为止最好的一本数学史"——［美］M.克莱因著《古今数学思想》把解析几何称为"坐标几何"，即用坐标的方法研究几何问题，这就指出了解析几何方法的实质，也说明了解析几何的重要性在于它的方法。

我把这本为中学生朋友撰写的课外读物取名为《解析几何方法漫谈》，是因为它的内容是关于解析几何方法的，而叙述的方式是漫谈式的。我为本书定的写作目标是力求做到"选题是有趣的，叙述是生动的，思想是深刻的"。

我多年从事解析几何教学和研究，对如何培养和提高学生的数学能力极为关注。数学是教人聪明的学问。按照美国著名数学教育家波利亚的说法，中学数学教育的目标是"教会年轻人思考"。基于这一认识，在这本小册子中，我的目的不在于介绍很多解析几何的知识，而是在于引导读者学习和思考解决数学问题的方法，因此始终把重点放在回答"这个解法是如何想到的?"这一问题上。几乎对每一个数学问题，我都不厌其烦地尽可能详尽地加以分析。

本书由互相独立的4个部分组成，每一部分叫作一章。每一章又包括几个问题，每个问题叫作一节，各节也是互相独立的。因此本书的每一章、每一节都可以单独阅读。

第1章给出3个能用解析几何方法解决的颇有趣味的问题：魔术师的地毯，藏宝地在哪里？用纸折椭圆、双曲线和抛物线。

　　第2章简要叙述哲学家笛卡儿是如何创立解析几何的；把解析几何方法与平面几何方法进行比较，以加深读者对解析几何方法的认识。本章最后介绍在历史上使很多人为之绞尽脑汁的古希腊三大作图问题(三等分任意角、二倍立方和化圆为方)，并用解析几何方法证明，只用直尺和圆规是不可能做出它们的。

　　第3章介绍解析几何的若干解题技巧，包括轮换、巧用定比分点、斜角坐标系的应用和复数方法等。本章最后一节介绍用解析几何方法解某些代数问题，它是传统意义上的解析几何方法(借助于坐标系，把几何问题变成代数问题来解)的反用，即借助于坐标系，把代数问题变成几何问题来解。可见解析几何是一个双刃工具，既可以解几何问题，也可以解某些代数问题。通过这个问题的讲解，可以开阔我们的解题思路。培养和提高解题能力是数学教学的中心任务，启发学生自己发现解法是解题教学中最困难也是最有趣的部分，我把它视为解题教学的最高境界，也是我写作本章乃至全书所追求的目标。

　　最后一章是通过类比和联想，对几个解析几何问题进行引申的例子，是讲如何从原有问题构造出新的问题的。这方面的内容一般书上很少讲，至于让同学们自己构造新题的机会就更少了。构造新题要发挥创造性，先猜后证，这种训练对数学能力的培养是大有好处的，也是充满乐趣的。

　　除了叙述历史的§2.1以外，其他每一节后都列有多少不等的习题，供读者练习之用。虽然书末附有参考解答，但建议读者不要轻易去看，只要把书中的内容弄清楚了，完成习题一般不会有很大困难。如果习题不会做，说明你对书上内容还没有真正弄清楚。这时最好的办法是先把书上的内容弄清楚。真正弄清楚的标志不是你能看懂书上的每一步推导，而是你合上书自己能把例题解出来。能做到这一步，做习题就容易得多了。当你做完题后再去看书末提供的参考解答，也许你的解法比书上的解法还要好，也许不如书上的解法好，通过比较就会有收获。如果实在做不出，也可以看解答，不过看完以后，仍要合上书，自己独立去解，一次不行，可重复多次，直至自己能独立解出为止。如能再总结一下：解这道题的关键何在？自己为什么没能想出它，怎样才能想出它？我想这样做了一定能真正学到一点东西，这样的学习将更为有益也更有趣。

作为附录，我回顾了自己对解析几何的认识过程，总结一下写出来以期和读者朋友们交流。

本书可供中学生和广大数学爱好者阅读，也可供中学数学教师教学参考。

本书和作者的另两本《漫谈》(《橡皮几何学漫谈》和《几何变换漫谈》)，一起纳入北京师范大学出版社的《牛顿科学馆》科普丛书出版，作者对北京师范大学出版社表示衷心的感谢。

由于作者水平所限，书中的缺点、错误和不足之处，一定不少，诚恳地欢迎读者朋友们批评指正。

王敬赓
2016 年 4 月于北京师范大学

目 录

§1. 三则趣味题

§1.1　魔术师的地毯

　　一天，著名魔术大师秋先生拿了一块长和宽都是 1.3 m 的地毯去找地毯匠敬师傅，要求把这块正方形地毯改成宽 0.8 m、长 2.1 m 的矩形。敬师傅对秋先生说："你这位大名鼎鼎的魔术师，难道连小学算术都没有学过吗？边长 1.3 m 的正方形面积为 1.69 m²，而宽 0.8 m、长 2.1 m 的矩形面积只有 1.68 m²，两者并不相等啊！除非裁去 0.01 m²，不然没法做。"秋先生拿出他事先画好的两张设计图，对敬师傅说："你先照这张图(如图 1.2)的尺寸把地毯裁成四块，然后照另一张图(如图 1.3)的样子把这四块拼在一起缝好就行了。魔术大师是从来不会错的，你放心做吧！"敬师傅照着做了，缝好一量，果真是宽 0.8 m、长 2.1 m。魔术师拿着改好的地毯满意地走了，而敬师傅还在纳闷儿：这是怎么回事呢？那 0.01 m² 的地毯到什么地方去了？你能帮敬师傅解开这个谜吗？

图 1.1

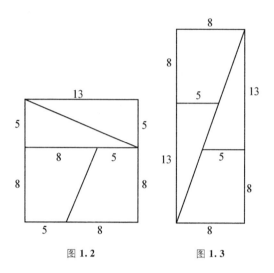

图 1.2   图 1.3

过了几个月,魔术师秋先生又拿来一块地毯,长和宽都是 1.2 m,只是上面烧了一个烧饼大小(约 0.01 m²)的窟窿。秋先生要求敬师傅将地毯剪剪拼拼把窟窿去掉,但长和宽仍旧是 1.2 m。敬师傅很为难,觉得这位魔术大师的要求不合理,根本无法做到。秋先生又拿出了自己的设计图纸,要敬师傅按图 1.4 的尺寸将地毯剪开,

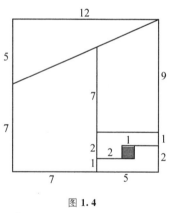

图 1.4

再按图 1.5 的样子拼在一起缝好。敬师傅照着做了,结果真的得到了一块长和宽仍旧是 1.2 m 的地毯,而原来的窟窿却消失了。魔术师拿着补好的地毯得意扬扬地走了,而敬师傅还在想,补那窟窿的 0.01 m² 的地毯是从哪里来的呢?你能帮敬师傅解开这个谜吗?

你准备如何着手去揭开魔术大师的秘密呢？通常的办法是根据他给的尺寸按某个比例（例如 10∶1）缩小，自己动手剪一剪、拼一拼，也就是做一个小模型，实际量一量，看看秘密藏在什么地方。这种做模型（或做实验）的方法，是科技工作者和工程技术人员通常采用的。这种方法要求操作和测量都非

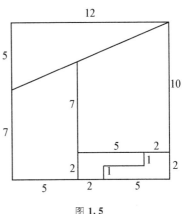

图 1.5

常精确，否则你就发现不了秘密。例如，按缩小后的尺寸，剪拼前后面积差应为 1 cm²，如果在你操作和测量过程中所产生的误差就已经大于 1 cm² 了，那么你怎能发现那 1 cm² 的面积差出在什么地方呢？

数学工作者在研究和解决问题时，通常采用另一种方法——数学计算，即通过精细的数学计算来发现剪拼前后的面积差出在何处。

现在我们先来分析第一个魔术。

比较图 1.2 和图 1.3，将图 1.2 中的四块图形分别记为 Ⅰ，Ⅱ，Ⅲ，Ⅳ（如图 1.6），而将图 1.3 中相应的四块分别记为 Ⅰ′，Ⅱ′，Ⅲ′，Ⅳ′（如图 1.7）。现在的问题是，图 1.6 中的四块能否拼得像图 1.7 那样"严丝合缝""不重不漏"？也就是说，图 1.7 中所标的各个尺寸是否都准确无误？例如图 1.7 中的 Ⅰ′为 Rt△EDB，如果 $DE=5$ 时，点 E

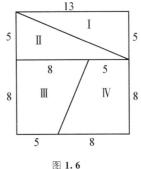

图 1.6

是否恰好落在矩形 $ABCO$ 的对角线 OB 上？同样，如果 $FG=5$ 时，点 G 是否恰好落在 OB 上？让我们通过计算来回答这个问题。

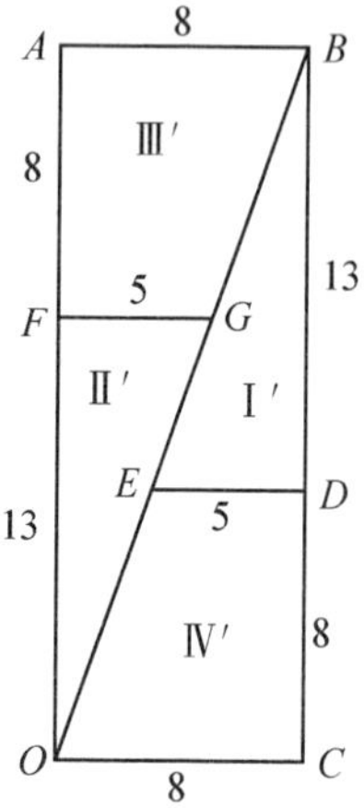

如图 1.8 建立平面直角坐标系，以 OC 所在直线为 x 轴，OA 所在直线为 y 轴，单位长度表示 0.1 m，于是有 $O(0，0)$，$A(0，21)$，$B(8，21)$，$C(8，0)$，$F(0，13)$，$G(5，13)$，$E(3，8)$，$D(8，8)$。如何判断 E 和 G 是否恰好落在直线 OB 上呢？一种办法是将 E，G 的坐标代入直线 OB 的方程，看是否满足方程；另一种办法是分别计算 OE，OB，OG 的斜率，比较它们是否相等。下面用后一种方法进行讨论。

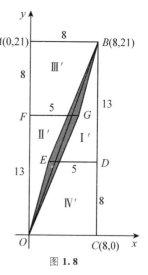

图 1.7

设线段 OE 的斜率为 k_{OE}，则有 $k_{OE}=\dfrac{8}{3}$，

$k_{OB}=\dfrac{21}{8}$，$k_{OC}=\dfrac{13}{5}$。比较之，由 $\dfrac{8}{3}>\dfrac{21}{8}>\dfrac{13}{5}$ 得 $k_{OE}>k_{OB}>k_{OC}$，即

OE 的斜角大于 OB 的斜角，OB 的斜角又大于 OG 的斜角，可见 E 和 G 都不在对角线 OB 上，它们分别落在 OB 的两侧（如图 1.8）。又由

$$k_{EB}=\frac{21-8}{8-3}=\frac{13}{5}，\quad k_{GB}=\frac{21-13}{8-5}=\frac{8}{3}$$

得 $k_{EB}=k_{OC}$，$k_{GB}=k_{OE}$，即 $EB /\!/ OG$，$GB /\!/ OE$。可知将图 1.6 中的四块图形按照图 1.7 拼接时，在矩形对角线附近重叠了一个小 $\square OGBE$（如图 1.8）。正是这一微小的重叠导致面积减少，减少的正是这

图 1.8

个重叠的 □$OGBE$ 的面积。记 $E(3,8)$ 到对角线 $OB\left(y=\dfrac{21}{8}x\right)$ 的距离为 d,

$$d=\frac{|21\times 0.3+(-8)\times 0.8|}{\sqrt{21^2+(-8)^2}}=\frac{0.1}{\sqrt{505}}\ (\mathrm{m}),$$

$$|OB|=\sqrt{(0.8)^2+(2.1)^2}=\sqrt{5.05}\ (\mathrm{m}),$$

$$S_{\square OGBE}=2S_{\triangle EOB}=2\times\frac{1}{2}\times|OB|\times d=0.01\ (\mathrm{m^2}).$$

把面积仅为 $0.01\ \mathrm{m^2}$ 的地毯拉成对角线长为 $\sqrt{5.05}\ \mathrm{m}$(约 $2.247\ \mathrm{m}$) 的极细长的平行四边形,在一个大矩形的对角线附近重叠了这么一点点,当然很难觉察出来。魔术大师正是利用了这一点蒙混过去,然而这一障眼法却怎么也逃不过精细的数学计算这一"火眼金睛"。

如果我们把上述分割正方形和构成矩形所涉及的四个数,从小到大排列起来,即

$$5,\ 8,\ 13,\ 21,$$

这列数有什么规律呢?相邻两数之和,正好是紧跟着的第三个数。按照这个规律,5 前面应该是 $(8-5=)3$,3 前面应是 $(5-3=)2$,2 前面应是 $(3-2=)1$,1 前面应是 $(2-1=)1$,21 后面应为 $(13+21=)34$,34 后面应为 $(21+34=)55$,等等,于是得到数列

$$1,\ 1,\ 2,\ 3,\ 5,\ 8,\ 13,\ 21,\ 34,\ 55,\ \cdots$$

这个数列的特点是,它的任意相邻三项中前两项之和即为第三项。我们称这个数列为斐波那契[①]数列。魔术师的上述第一个地毯魔术中的四个数 5,8,13,21 只是斐波那契数列中的一段,从该数列

---

　　① 　斐波那契(L. Fibonacci,约 1170—约 1250),意大利数学家.

中任意取出其他相邻的四个数，还能玩上述魔术吗？为了使计算简单一些，我们取出数字更小的一段 3，5，8，13 来试一试。把边长为 8 的正方形按图 1.9 分成四块，再拼成边长为 5 和 13 的矩形（如图 1.10）。这时图形的面积由图 1.9 的 64 变成为图 1.10 的 65，凭空增加了 1 个单位面积。通过完全类似的计算，

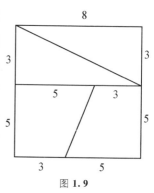

图 1.9

我们发现图 1.10 的尺寸是不合理的，实际上在矩形对角线附近，同样会出现一个小平行四边形。不过这次不是一个重叠的平行四边形，而是一个平行四边形空隙（如图 1.11）。这就是拼成的矩形比原来的正方形面积"增大"的秘密所在。

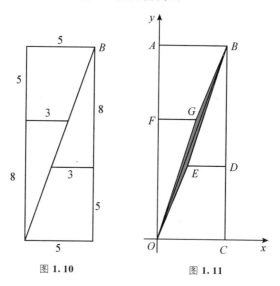

图 1.10   图 1.11

我们可以使用斐波那契数列的任何相邻四项，来玩上述分割重拼的魔术。我们发现，正方形比重拼成的矩形，时而少一个单

位面积，时而又多一个单位面积。这是因为重拼时，在矩形对角线附近，有时会重叠一个细长的平行四边形(因此失去一个单位面积)，有时又会出现一个细长的平行四边形空隙(因此多出一个单位面积)。面积何时变小，何时变大，有没有规律呢？

我们把斐波那契数列

$$1, 1, 2, 3, 5, 8, 13, 21, 34, 55, \cdots$$

记为　$F_1, F_2, F_3, F_4, F_5, \cdots$

这里 $F_1=1$，$F_2=1$，$F_3=2$，$F_4=3$，$F_5=5$，$\cdots$，且具有递推关系

$$F_n + F_{n+1} = F_{n+2} (n \in \mathbf{N}^*)。$$

考察以 F_n 为边长的正方形面积与以 F_{n-1} 及 F_{n+1} 为两边长的矩形面积之间的关系。随着 n 从小到大依次取 2，3，4，5，$\cdots$，我们得到

当 $n=2$ 时有 $1^2=1 \times 2-1$，即 $F_2^2=F_1 \cdot F_3-1$；

当 $n=3$ 时有 $2^2=1 \times 3+1$，即 $F_3^2=F_2 \cdot F_4+1$；

当 $n=4$ 时有 $3^2=2 \times 5-1$，即 $F_4^2=F_3 \cdot F_5-1$；

当 $n=5$ 时有 $5^2=3 \times 8+1$，即 $F_5^2=F_4 \cdot F_6+1$；

……

从中我们发现，随着 n 的奇偶变化，在上述关系式中，加 1 和减 1 交替出现。对于数列的第 n 项 F_n，当 n 是大于 1 的奇数时有 $F_n^2=F_{n-1} \cdot F_{n+1}+1$，此时正方形的面积比矩形的大 1；当 n 是偶数时有 $F_n^2=F_{n-1} \cdot F_{n+1}-1$，此时正方形的面积比矩形的小 1。写成统一的表示式就是

$$F_n^2 = F_{n-1} \cdot F_{n+1} + (-1)^{n+1} \quad (n=2, 3, 4, \cdots)。$$

$$(1)^{①}$$

将斐波那契数列前后相邻两项的比，做成一个新的数列

$$\frac{1}{1}, \frac{1}{2}, \frac{2}{3}, \frac{3}{5}, \frac{5}{8}, \frac{8}{13}, \frac{13}{21}, \cdots$$

该数列的极限

$$\lim_{n \to +\infty} \frac{F_n}{F_{n+1}} = \frac{\sqrt{5}-1}{2} = 0.618\,033\cdots$$

是一个定数(无理数)，这个数有很重要的应用，而且还有一个非常好听的名字，叫"黄金分割比"。

相传早在欧几里得之前，古希腊数学家欧多克索斯(Eudoxus，约公元前 400—前 347)提出并解决了下列按比例分线段的问题："将线段分为不相等的两段，使长段为全线段和短段的比例中项。"欧几里得把它收入《几何原本》之中，并称它为分线段为中外比。据说"黄金分割"这个华贵的名字是中世纪著名画家达·芬奇取的，从此就广为流传，直至今日。

对于长度为 a 的线段 AB，使 $\dfrac{AM}{AB}=\dfrac{MB}{AM}$ 的分点 M 称为"黄金分割点"(如图 1.12)。设 $AM=x$，则 $x=\dfrac{\sqrt{5}-1}{2}a \approx 0.618a$。$\dfrac{\sqrt{5}-1}{2} \approx$ 0.618 即黄金分割比。从古希腊起直到今天，人们都认为这种比例在造型艺术上具有很高的

图 1.12

---

① 利用斐波那契数列的通项表示式

$$F_n = \frac{1}{\sqrt{5}}\left[\left(\frac{1+\sqrt{5}}{2}\right)^n - \left(\frac{1-\sqrt{5}}{2}\right)^n\right] \quad (n \in \mathbf{N}^*)$$ 即可证明公式(1).

美学价值。在所有矩形中，两边之比符合黄金分割比的矩形是最优美的。难怪日常生活中许多矩形用品和建筑中的矩形结构，往往是按黄金分割比设计的。甚至连人体自身的形体美，即最优美的身段，也遵循着黄金分割比。据说"维纳斯"雕像以及世界著名艺术珍品中的女神像，她们身体的腰以下部分的身长与整个身高的比，都

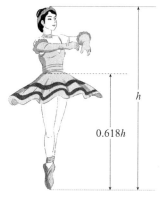

图 1.13

近于 0.618，于是人们就把这个比作为形体美的标准。芭蕾舞女演员腰以下部分的身长与身高之比，一般约在 0.58 左右，因此在她们翩翩起舞时，总是脚尖点地，使腰以下部分的长度增长 8～10 cm，以期展示符合 0.618 身段比例的优美体形（如图 1.13），给观众以美的艺术享受。

黄金分割比不仅在艺术上，而且在工程技术上也有重要意义。工厂里广泛使用的"优选法"，就是黄金分割比的一种应用，因此有人干脆把优选法称为"0.618 法"。

在实际应用时，黄金分割比可用斐波那契数列中相邻前后两项的比作为近似值来代替。n 越大，比值 $\dfrac{F_n}{F_{n+1}}$ 越近似黄金分割比。

我们接着分析魔术师秋先生的第二个魔术，其秘密在哪里呢？补洞用的那一小块面积是从哪里来的呢？根据识破第一个魔术的经验，我们来考察拼成新的无洞正方形的各个尺寸（如图 1.14）是否全都准确无误？这就要追查到分割有洞正方形的各个尺寸（如图 1.15）是否全都准确无误？在图 1.15 中分割正方形四边的尺寸是取定的，用不着怀疑。值得怀疑的是中间的那条分割线 UVW，它

的尺寸可靠吗？其中 $VW=3$ 是正确的，"$UV=7$"及"$UW=10$"对吗？而它们正是新拼正方形两边上线段 AB 及 CD 的尺寸。如图 1.15 所示，分别以直线 OR 和 OP 为 x 轴和 y 轴建立平面直角坐标系，于是有 $Q(0，7)$，$S(12，12)$，$W(7，0)$，$V(7，3)$，要得到 UV 及 UW 的长度，只需求出点 U 的坐标即可。U 是直线 QS 与直线 VW 的交点。直线 QS 的方程是 $5x-12y+84=0$；直线 VW 的方程是 $x=7$。两方程联立解得交点 U 的坐标为 $\left(7，9\dfrac{11}{12}\right)$。于是得到 $UW=9\dfrac{11}{12}$，因而 $UV=6\dfrac{11}{12}$。这就是说，在新拼正方形（如图 1.14）中，左边上的线段 AB 的长不是 7 而是 $6\dfrac{11}{12}$，右边上的线段 CD 的长不是 10 而是 $9\dfrac{11}{12}$。这样，新拼图形的左边 EB 长为 $6\dfrac{11}{12}+5=11\dfrac{11}{12}$，右边 CF 长为 $9\dfrac{11}{12}+2=11\dfrac{11}{12}$，上、下两边 $EC=BF=12$，因此新拼图形不是边长为 12 的正方形，而是一个 $12\times11\dfrac{11}{12}$

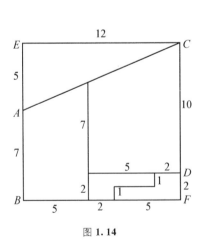

图 1.14

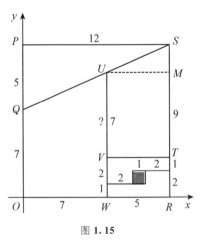

图 1.15

的长方形，比原来的有洞正方形稍微短了一点点（短 1 个单位长的 $\frac{1}{12}$）。两者的面积相差 $12 \times \frac{1}{12} = 1$（单位面积），而这正好等于那个洞的面积。这个补洞的魔术之所以能够成功，靠的就是两者之差是一个很狭窄的细长条，不易被人觉察，但在精确的数学计算面前，秘密马上就被揭穿了。

我们也可以用平面几何方法算出图 1.15 中的线段 UV 实际长多少。过 U 作 PS 的平行线交 SR 于 M（如图 1.15），则 Rt$\triangle PQS \backsim$ Rt$\triangle MSU$，于是有 $\frac{PS}{PQ} = \frac{MU}{MS}$，即 $\frac{12}{5} = \frac{5}{MS}$，得 $MS = 2\frac{1}{12}$，于是

$$UV = MT = ST - SM = 9 - 2\frac{1}{12} = 6\frac{11}{12}。$$

习题 1

1. 教你表演一个小魔术：将一个边长为 8 cm 的正方形，按图 1.16 中的尺寸分割成四块：两个直角三角形和两个直角梯形，然后将它们重新拼排，得到一个等腰三角形（如图 1.17）。原来正方形的面积为 64 cm^2，而新拼成的三角形的面积却是 65 cm^2，凭空多了 1 cm^2！请你告诉我，这个魔术的秘密何在？

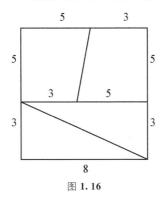

图 1.16

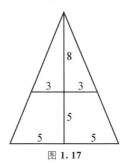

图 1.17

§1.2　藏宝地在哪里?

海盗船长带着两个随从约翰和乔治秘密地在一个荒岛上埋藏一箱财宝。岛上有三棵树,山毛榉树离海边最近,两棵橡树在它两侧,构成一个三角形。船长吩咐约翰和乔治每人从山毛榉树各拉一根绳子到一棵橡树,然后分别从各自的橡树出发,沿着与各自的绳子垂直的方向,往岛里各走一段等于各自绳长的距离,分别到达甲和乙两点。船长命令就在甲、乙两点连线的中点挖洞藏宝(如图 1.18)。

一年以后,约翰和乔治两人秘密商议,想瞒着船长将财宝挖出捐赠给孤儿院。当他俩秘密潜回荒岛时,却发现那棵山毛榉树已被台风刮得无影无踪,只有两棵橡树还在。约翰几乎泄气了,而善于动脑筋的乔治却显得胸有成竹,他安慰约翰说:"别着急,让我们想想办法,没有山毛榉,我们也会找到藏宝地。"于是他俩在地上又画线,又测量,不一会儿,他们真的挖出了财宝。请问:他们是如何只根据两棵橡树的位置就准确地找到藏宝地点的呢?

图 1.18

我们先把这个问题变成一个数学问题，具体说是一个几何题，然后分别用平面几何方法和解析几何方法来探求问题的解。

将山毛榉树、两棵橡树及甲、乙两点的位置，分别用 Q，A，B，C，D 诸点表示，藏宝地点用 P 表示，按当初决定藏宝地点的过程画一个图（如图 1.19），并在图上标出已知条件。

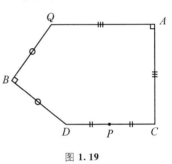

图 1. 19

已知：$\triangle ABQ$，$CA \perp QA$，$CA = QA$，$DB \perp QB$，$DB = QB$，P 在 CD 上且 $PC = PD$。

求解什么呢？要找出点 P 与 A，B 的位置关系，或者说点 P 相对于 A，B 的具体位置。

当初，P(藏宝地点)是由 Q(山毛榉树的位置)和 A，B(两棵橡树的位置)共同决定的；而今山毛榉树消失了，只根据两棵橡树的位置也能找出藏宝地，说明 P 的位置可以与 Q 的位置无关，完全由 A，B 两点决定。因此，我们猜想 P 是一个定点，不随 Q 变动，只由 A，B 决定。这样，本题的求解部分就是证明 P 是一个定点，并找出这个定点的具体位置。假若我们已经证明 P 是定点，则确定其具体位置就不再是一件困难的事了——既然 P 是定点，不随 Q 变动，那么对于一切 Q 所决定的 P 都应该是同一个(定)点，因此，当 Q 取某个特殊位置或极端位置时，由此所定出的 P 当然就是那个定点的位置了。

不过，要证明 P 是一个与 Q 的位置无关的定点，需要任取 Q 的两个不同位置 Q_1 和 Q_2，证明由 Q_1 决定的 P_1 与由 Q_2 决定的 P_2 是同一点。由于任意的 Q_1 和 Q_2 都决定同一个 P，因此 P 是定点，

与 Q 的选取无关。但是，对任意的 Q_1 和 Q_2 证明 P_1 与 P_2 重合往往比较复杂。于是一般不采取先证是定点然后再找具体位置的方法，而是采取另一条思路，即先猜测定点的具体位置，然后再加以证明，简单地说就是"先猜后证"。其中猜测往往是困难所在，能否猜出正确的结果，是解题成败的关键。

怎样猜测定点的具体位置呢？一般方法是：假定 P 是定点，则对于动点 Q 的一切位置，所得点 P 都应该是同一点，即那个定点，因此当我们取 Q 的某个特殊位置（或极端位置）时，所得点 P 仍应该是那

图 1.20

个定点。而选取 Q 的特殊位置（或极端位置）的原则是，应能方便地定出点 P 的具体位置。点 Q 越特殊、计算越简单越方便越好。具体到本题，不妨选取 Q 的一个极端位置——AB 的中点（说它"极端"，是因为这时 A，B，Q 三点共线，是三角形的极端情形）。由于 Q 是 AB 的中点（如图 1.20），$AQ\perp AC$，$AQ=AC$，$BQ\perp BD$，$BQ=BD$，$CP=DP$，所以四边形 $ABDC$ 是一个矩形，于是得到 $PQ\perp AB$，且 $PQ=\frac{1}{2}AB$。即点 P 在 AB 的垂直平分线上且与 AB 的距离等于 AB 之半。据此我们猜想，对于 Q 的任意位置，点 P 也具有上述位置。注意 这只是一个"猜想"，是从 Q 的一个特殊位置得到的猜想，对这个猜想必须加以证明。

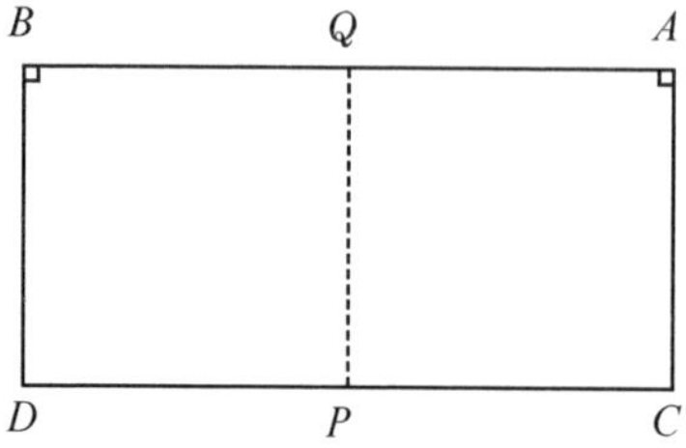

于是本题的求解部分可以表示成如下两种不同的形式：

形式 1 求证 P 是一个定点（与点 Q 无关），并找出点 P 关于 A，B 的具体位置。

形式 2 求证：P 在 AB 的垂直平分线上，且 P 到 AB 的距离

等于 AB 之半。

由于形式 2 求证的内容比较具体，因此它比形式 1 "求证 P 是一个定点"要容易一些。现给出形式 2 的两种证法如下。

设 M 是 AB 的中点，求证 $MP \perp AB$，且 $MP = \dfrac{1}{2}AB$。

证法 1　因为 P 是 CD 的中点，联想到梯形的中位线，如果能造一个梯形使 PM 是其中位线，则 $PM = \dfrac{1}{2}$（上底＋下底）且 $PM \parallel$ 上、下底。只要使上、下底垂直于 AB，就有 $PM \perp AB$。因此想到添加如下辅助线：分别过 C，D 作 AB 的垂线交

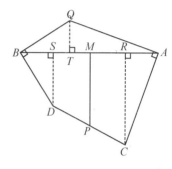

图 1.21

AB 于 R 和 S（如图 1.21），得到直角梯形 $CDSR$，只需证明 M 是 RS 的中点及 $CR + DS = AB$ 即可。

为此，过 Q 作 $QT \perp AB$ 交 AB 于 T，由于 $\angle ACR = \angle QAT$，$AC = AQ$，所以 $\mathrm{Rt}\triangle RAC \cong \mathrm{Rt}\triangle TQA$，同理 $\mathrm{Rt}\triangle SBD \cong \mathrm{Rt}\triangle TQB$。于是 $CR = AT$，$DS = BT$，所以 $CR + DS = AT + BT = AB$。又因为 $AR = QT$，$BS = QT$，所以 $AR = BS$，$MR = AM - AR = BM - BS = MS$，即 M 是 RS 的中点。所以 $PM \parallel CR$，且 $PM = \dfrac{1}{2}(CR + DS)$，即 $PM \perp AB$ 且 $PM = \dfrac{1}{2}AB$。

证法 2　由 M 是 AB 的中点，要证 $PM = \dfrac{1}{2}AB$，想到三角形的中位线，于是可设法构造一个三角形，使 PM 是两边中点的连线。已知 P 是 CD 的中点，过 C 作 $CE \underline{\parallel} BD$（如图 1.22），连 BE，得 P 是 BE 的中点。连 AE，得 MP 是 $\triangle ABE$ 的中位线，因而有

$MP /\!/ AE$ 及 $MP = \dfrac{1}{2}AE$。因此只需

证明 $AE \perp AB$ 及 $AE = AB$ 即可。

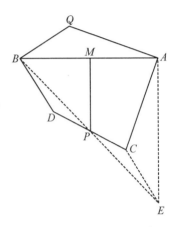

由 $AC \perp AQ$，以及由 $CE /\!/ BD$ 而 $BD \perp BQ$ 得 $CE \perp BQ$，于是 $\angle ACE$ 与 $\angle AQB$ 的两边左与左、右与右对 应垂直，得 $\angle ACE = \angle AQB$。又因为 $AC = AQ$，$CE = BD = BQ$，所以 $\triangle ACE \cong \triangle AQB$，于是有 $AE = AB$，$MP = \dfrac{1}{2}AE = \dfrac{1}{2}AB$。又因为 $\angle QAB =$

图 1.22

$\angle CAE$，所以 $\angle BAE = \angle BAC + \angle CAE = \angle BAC + \angle QAB = 90°$，即 $AB \perp AE$。又因为 $MP /\!/ AE$，所以 $MP \perp AB$。

上述两个证法中的关键是添加必要的辅助线。请读者仔细琢磨一下这两种证法的思路，根据不同的证明思路，可得出不同的辅助线。你能独立地想出它们吗？

在形式 1 中，求证 P 是一个定点，需要对 Q 的两个任意位置进行证明。下面给出一种证法，供读者参考。

证　另外再任取一点 Q'，作 $C'A \perp Q'A$ 且 $C'A = Q'A$，作 $D'B \perp Q'B$ 且 $D'B = Q'B$（如图 1.23）。我们来证明 CD 与 $C'D'$ 的中点重合，即 CD 与 $C'D'$ 互相平分。

连接 CC' 及 DD'，只要证明四边形 $CC'DD'$ 是平行四边形，自然就有

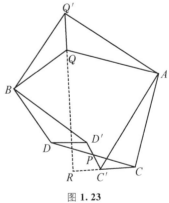

图 1.23

对角线互相平分。为此只需证明 $CC' \underline{\underline{\parallel}} DD'$ 即可。我们先从直观上看一看：由于 $\triangle AC'C$ 可以看成是由 $\triangle AQ'Q$ 绕点 A 旋转 $90°$ 得到的，所以有 $CC'=QQ'$ 且 $CC' \perp QQ'$。同理有 $DD'=QQ'$ 且 $DD' \perp QQ'$。于是可得 $CC' \underline{\underline{\parallel}} DD'$。

$CC'=QQ'$ 及 $CC' \perp QQ'$ 的证明如下：

由 $\angle QAC=\angle Q'AC'=90°$ 得 $\angle Q'AQ=\angle C'AC$，又由 $AQ=CA$，$AQ'=C'A$ 得 $\triangle AQQ' \cong \triangle ACC'$，所以 $CC'=QQ'$。设 QQ' 与 CC' 所在直线交于 R，在四边形 $Q'RC'A$ 中，$\angle RC'A+\angle RQ'A=\angle C'AC+\angle C'CA+\angle RQ'A=\angle Q'AQ+\angle Q'QA+\angle QQ'A=180°$，所以 $\angle Q'RC'+\angle Q'AC'=180°$，因而 $\angle Q'RC'=90°$，所以 $CC' \perp QQ'$。

证明了 P 是定点以后，要确定点 P 相对于 A，B 的具体位置，只需取 Q 的一个特殊位置即可确定，取法同前（如图 1.20）。

下面我们用解析几何方法来解本题。

首先需要建立合适的平面直角坐标系。取两个定点 A，B 的连线为 x 轴，AB 中点 O 为坐标原点建立坐标系（如图 1.24）。设 A，B 距离为 $2a$，则有 $A(a，0)$，$B(-a，0)$。设点 Q 的坐标为 $(m，n)$。

点 C 可以看成是点 Q 绕点 A 沿逆时针方向旋转 $90°$ 得到的，点 D 可以看成是点 Q 绕点 B 沿顺时针方向旋转 $90°$ 得到的。因为涉及旋转，故运用复数作为工具可能会比较方便（参见§3.3）。

我们把坐标平面看成复平面，

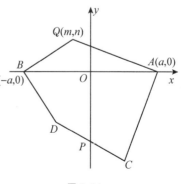

图 1.24

用复数表示平面上的点。于是，

$$z_A = a,\ z_B = -a,\ z_Q = m+ni,\ \overrightarrow{AQ} = z_Q - z_A = (m-a)+ni,$$

$$\overrightarrow{AC} = (\overrightarrow{AQ}\text{绕} A \text{ 旋转 } 90°) = [(m-a)+ni] \cdot i = -n+(m-a)i,$$

$$z_C = \overrightarrow{OC} = \overrightarrow{OA} + \overrightarrow{AC} = a + [-n+(m-a)i] = (a-n)+(m-a)i。$$

同理，$\overrightarrow{BQ} = (m+a)+ni,\ \overrightarrow{BD} = [(m+a)+ni](-i) = n-(m+a)i,$

$$z_D = \overrightarrow{OD} = \overrightarrow{OB} + \overrightarrow{BD} = (n-a)-(m+a)i。$$

$$z_p = \frac{1}{2}(z_C + z_D) = \frac{1}{2}\{[(a-n)+(m-a)i] + [(n-a)-(m+a)i]\} = -ai。$$

于是得点 P 坐标为 $(0,\ -a)$。其中不含 m，n，说明点 P 与点 Q 无关，为一定点。点 P 横坐标为 0，说明点 P 在 y 轴上，即点 P 在 AB 的垂直平分线上，点 P 纵坐标的绝对值为 a，说明 P 到 AB 的距离是 AB 之半。

现在我们对上述平面几何方法和解析几何方法作一比较。

我们看到，平面几何方法无论是先猜后证（先猜出具体位置再加以证明）还是先证后找（先证是定点再找出具体位置），都需要通过特殊情形来猜或找，而且在证明中都要添加辅助线，这两点都是比较困难的；而解析几何方法不需要去猜，证明时也不需要添加辅助线，选好坐标系以后，只需直接计算即可得结果。但从另一方面说，平面几何的猜和证都很有意思，我们通过特殊情形猜出结果，会兴趣大增，想出了好的辅助线，得到漂亮的证明，也会其乐无穷；而相比之下，解析几何方法就显得平淡多了（当然解析几何方法也需要技巧）。

本题也可以在猜出结果以后，用解析几何方法加以证明。这留给读者作为练习。

"先猜后证"是证明有关定点或定值问题常用的方法。再举两例如下。

例 1.1　已知抛物线 $y^2 = 2px(p > 0)$，在 x 轴上求一点 M，使过 M 的任一条弦 PQ 皆满足 $OP \perp OQ$。

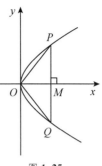

图 1.25

分析　先来猜想点 M 的可能位置。假设点 M 确实存在，即过 M 的任一条弦 PQ 都有 $OP \perp OQ$，因此过 M 的特殊的弦也应该有此性质。我们考察过 M 且与 x 轴垂直的弦 PQ（如图 1.25），此时有 OP 与 OQ 关于 x 轴对称，由 $OP \perp OQ$ 知 OP 平分第一象限角，OQ 平分第二象限角。于是点 $P(2p, 2p)$，点 $Q(2p, -2p)$，PQ 与 x 轴的交点 $M(2p, 0)$。于是我们猜想所求点 M 的坐标为 $(2p, 0)$。

注意　这只是一个猜想，是由考察特殊情形得到的，这个猜想对不对，还有待于对一般情形进行证明（验证）。

证　过点 $M(2p, 0)$ 的任一直线 $y = k(x - 2p)$ 　　　　(1)

与抛物线 $y^2 = 2px$ 　　　　(2)

交于两点，记为 P，Q，则有 $P\left(\dfrac{y_1^2}{2p}, y_1\right)$，$Q\left(\dfrac{y_2^2}{2p}, y_2\right)$。将(1)代入(2)得

$$y^2 - \frac{2p}{k}y - 4p^2 = 0。 \qquad (3)$$

于是 y_1，y_2 是方程(3)的两个根，因而有

$$y_1 y_2 = -4p^2。 \qquad (4)$$

$k_{OP} = \dfrac{2p}{y_1}$，$k_{OQ} = \dfrac{2p}{y_2}$，于是由(4)得 $k_{OP} \cdot k_{OQ} = \dfrac{4p^2}{y_1 y_2} = -1$，即得 $OP \perp OQ$。这就证明了点 $M(2p, 0)$ 确是所求的点。

例 1.2 已知抛物线 $y^2 = 2px(p > 0)$，证明在 x 轴正向上必存在一点 M，使得对于过点 M 的任一条弦 PQ，$\dfrac{1}{|MP|^2} + \dfrac{1}{|MQ|^2}$ 为定值。

猜想 假设点 M 确实存在，即过点 M 的任一条弦 PQ 都有 $\dfrac{1}{|MP|^2} + \dfrac{1}{|MQ|^2}$ 为定值，所以对于过点 M 的一条特殊的弦——垂直于 x 轴的弦 P_0Q_0（如图 1.26），也应该有 $\dfrac{1}{|MP_0|^2} + \dfrac{1}{|MQ_0|^2}$ 为定值。设 $M(x_0, 0)$，$P_0(x_0, y_0)$，$Q_0(x_0, -y_0)$。于是有

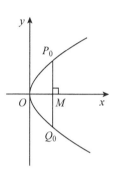

图 1.26

$$\frac{1}{|MP_0|^2} + \frac{1}{|MQ_0|^2} = \frac{1}{y_0^2} + \frac{1}{y_0^2} = \frac{2}{y_0^2} = \frac{1}{px_0}。$$

从这个式子还看不出点 M 是哪个定点。我们再考察弦的一个极端情形——x 轴的正半轴，它也过 M 点，它的一个端点是原点 O，另一个端点可以看成是在无穷远处，记为 P_∞。这时不能再称它是抛物线的弦了，它是弦的一个极端情形（或极限情形）。此时有 $|MP_\infty| \to \infty$。因此有

$$\frac{1}{|MO|^2} + \frac{1}{|MP_\infty|^2} \to \frac{1}{x_0^2}。$$

它也应该是一个定值，而且也应该与 $\dfrac{1}{px_0}$ 相等，由此可得 $x_0 = p$。于是我们猜想定点 $M(p, 0)$。

注意 这只是一个猜想，不是证明。接下来还需验证：

过点 $M(p, 0)$ 的任一弦 PQ，确有 $\dfrac{1}{|MP|^2} + \dfrac{1}{|MQ|^2}$ 为定值 $\dfrac{1}{p^2}$。

证　设过点 $M(p,0)$ 的直线为 $\begin{cases} x=p+t\cos\theta, \\ y=t\sin\theta, \end{cases}$ (1)

它与抛物线 $y^2=2px$ (2)

交于两点 P，Q。将(1)代入(2)整理得

$$t^2\sin^2\theta-2pt\cos\theta-2p^2=0。$$

这个方程的两个根 t_1 及 t_2 几何上分别表示 MP 及 MQ 的值，且

$$t_1+t_2=\frac{2p\cos\theta}{\sin^2\theta},\qquad t_1t_2=-\frac{2p^2}{\sin^2\theta}。$$

于是有

$$\frac{1}{|MP|^2}+\frac{1}{|MQ|^2}=\frac{1}{t_1^2}+\frac{1}{t_2^2}=\frac{t_1^2+t_2^2}{t_1^2t_2^2}=\frac{(t_1+t_2)^2-2t_1t_2}{(t_1t_2)^2}=\frac{1}{p^2}。$$

这就证明了点 $M(p,0)$ 确为符合要求之定点。

在上述猜想中，把 x 轴的正半轴作为弦的极端情形(或极限情形)来考察起了关键的作用，但这一步不太好想，需要运用极限的思想，或许这就是所说的几何洞察力吧。若运用高等几何(射影几何)中的无穷远点的概念，上述分析是明显的。对于中学生，从几何直观上进行分析，我想也是可以理解和接受的。

从上述两个例题我们可以看到，要证明动直线 PQ 经过定点 M 的一般方法是，先猜出定点 M 的位置，然后验证任一条弦 PQ 皆经过 M。猜测的思考过程是，先假设该定点确乎存在，即所有的弦 PQ 皆经过这个点，于是某个特殊的弦 PQ 也应该经过这个点。不仅如此，我们还假设弦 PQ 处于极端情形(极限情形)时仍经过该定点。然后通过考察这些特殊情形或极端情形，找出该定点。

特殊情形一般尽可能取容易计算的情形，考察极端情形(或极限情形)需要某种几何洞察力。

从考察特殊情形和极端情形得到的定点，只是猜想，不是证

明，这是因为它是在"假设该定点确乎存在"的前提下得到的，而存在定点恰恰是需要证明的。不仅如此，而且还"假设对于极端情形也成立"，而在题设条件中，一般并不包括极端情形（或极限情形），因此这只是猜想。这个猜想是否正确，还需给出证明（验证所有的弦——即任意一条弦 PQ 确过该定点）。

著名数学教育家波利亚对教学生猜想极为重视，把它列为对教师的要求之一。他说："先猜后证——这是大多数情况下的发现过程，你应该认识到这一点。你还应该认识到，数学教师有极好的机会向学生表明猜想在发现过程中的作用，以此给学生奠定一种重要的思维方式。我希望在这方面你不要忽略了对学生的要求：让他们学会猜想问题。"[①]解证有关定点定值的问题，是我们学习猜想的一个极好机会，有意识地进行"先猜后证"的训练，对于我们培养有益的思维习惯，提高解题能力是大有益处的。让我们努力去学习猜想吧！

习题 2

1. 如图 1.19 所示，已知 A，B 为两定点，Q 为任意点，若 $AC \perp QA$，$AC = QA$，$BD \perp QB$，$BD = QB$，试用解析几何方法（不用复数）证明：CD 的中点 P 为定点，且 P 在 AB 的垂直平分线上，P 到 AB 的距离等于 AB 之半。

2. 已知点 A 是抛物线 $y^2 = 2px (p > 0)$ 上的一个定点，AP_1 和 AP_2 是这个抛物线的互相垂直的两条动弦，求证直线 P_1P_2 必过一个定点。

---

① ［美］G. 波利亚. 数学的发现（第二卷）. 刘远图，秦璋，译. 北京：科学出版社，1987.

§1.3　用纸折圆锥曲线

本节介绍一种用纸折出椭圆、双曲线和抛物线的方法，并给出这种折法的解析几何证明，最后介绍关于椭圆、双曲线和抛物线的一种画法——矩形作图法。

取一张圆纸片，在圆内取定一点 A（A 不是圆心），然后将圆的边缘折向圆内，使边缘通过点 A。每折一次就留下一条折痕，当折叠的次数足够多时，纸片上众多的折痕就能显现出一个椭圆的形象来，这个椭圆与所有的折痕直线都相切，如图 1.27 所示。

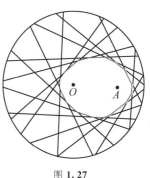

图 **1.27**

我们把一条曲线称为由它的所有切线组成的直线簇的包络线。这样，如果我们说一条曲线是某个已知直线簇的包络线，那就等于是说，已知直线簇就是该曲线的切线簇。那么，读者自然会问：用上述方法折出的折痕直线簇的包络线果真是一个椭圆吗？上述方法是如何想出来的？能用类似的方法折出双曲线和抛物线吗？

将上述问题换一个说法，就是：如何证明用上述方法折出的折痕直线簇恰是某个椭圆的切线簇，以及如何用类似的方法折出一簇折痕直线，使其恰是某个双曲线或抛物线的切线簇。为了回答这些问题，我们有必要先来研究椭圆、双曲线和抛物线的切线的有关性质。

1.3.1　椭圆、双曲线和抛物线的焦点切线性质

我们先来看一个平面几何题。

已知一直线 l 及在 l 同侧的两点 A，B，试在 l 上求一点 P，使 P 到 A，B 两点的距离之和为最小。

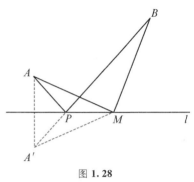

图 1.28

解法 1 作出点 A 关于直线 l 的对称点 A'（如图 1.28），连接 $A'B$，则 $A'B$ 与 l 的交点 P 即为所求。这是因为对于 l 上其他任一点 M，都有 $AM+MB=A'M+MB>A'B=A'P+PB=AP+PB$。

我们从点 P 的上述作法，马上可以得出一个推论：对于直线 l 上的一点 P，若使它到 l 同侧两点 A，B 的距离之和最小，则线段 AP 与直线 l 所构成的角等于线段 BP 与直线 l 所构成的角（如图 1.29）。

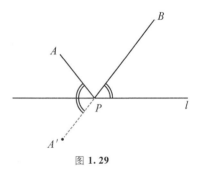

图 1.29

反过来也对：对于直线 l 上一点 P 与 l 同侧的两点 A，B，若线段 AP 与直线 l 构成的角等于线段 BP 与 l 构成的角，则 P 到 A，B 的距离之和最小。

解法 2 用轨迹的观点进行分析。我们知道，到两个定点 A，B 距离之和是定数的动点的全体组成一个以 A，B 为焦点的椭圆（该距离之和小于这个定数的点在椭圆内部，大于这个定数的点在椭圆外部）。当这个定数取不同的值时，便得到有公共焦点 A，B 的一簇椭圆（如图 1.30）。

现在我们要在已知直线 l 上求一点 P，使 $AP+BP$ 有最小值，

即对于 l 上其他任一点 M，都有
$AM+BM \geqslant AP+BP$。这其实就
是要在上述以 A，B 为焦点的椭
圆簇中找出那个与 l 相切的椭圆
来，直线 l 与该椭圆的切点即为所
求点 P（如图 1.30）。因为这时直
线 l 上只有 P 在这个椭圆上，直

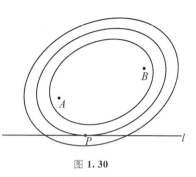

图 1.30

线上的其他一切点皆在这个椭圆外，因此 P 是在直线上使得与 A，
B 距离之和为最小的点。

　　对于解法 2，我们再应用解法
1 的推论，可得下述定理：椭圆上
任一点和两个焦点所连线段与椭圆
在该点的切线构成相等的角。反
之，若过椭圆上一点的直线使两个
焦点在它的同侧，且它与该点和两

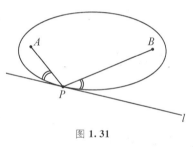

图 1.31

个焦点所连线段构成相等的角，则该直线必为椭圆的切线（如图
1.31）。

　　这个定理称为椭圆的焦点切线性质。这个性质有一个在光学
上的应用：如果反射镜做成椭圆面（用
一个椭圆绕它的长轴旋转而成的曲
面），我们把光源放在一个焦点处，根
据光学上的反射定律——入射角等于
反射角，以及上述椭圆的焦点切线性
质，则所有的光线经过镜面反射后，
都聚集在另一个焦点处，如图 1.32

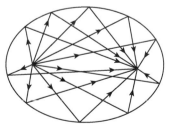

图 1.32

所示。

我们可以从解完全类似的平面几何题入手，得到关于双曲线的完全类似的焦点切线性质。题目是这样的：

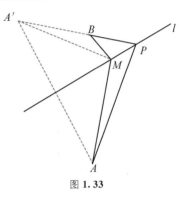

已知一直线 l 及位于该直线异侧的两个定点 A，B，且 A 到直线 l 的距离比 B 到直线 l 的距离大，要在 l 上找一点 P，使 P 到 A，B 两点的距离之差 $|AP|-|BP|$ 为最大。

解法 1　作出点 A 关于直线 l 的对称点 A'（如图 1.33），连接 $A'B$，则直线 $A'B$ 与 l 的交点即为所求点 P。这是因为对于 l 上其他任一点 M，都

图 1.33

有 $|AM|=|A'M|$，所以 $|AM|-|BM|=|A'M|-|BM|<|A'B|=|A'P|-|BP|=|AP|-|BP|$。

我们从点 P 的上述作法，马上可以得出一个推论：对于直线 l 上的一点 P，若使在 l 异侧的两点 A，B 到它的距离之差 $|AP|-|BP|$ 最大（这里 A 到 l 的距离大于 B 到 l 的距离），则点 P 具有如下性质：线段 AP 与直线 l 构成的角等于线段 BP 与直线 l 构成的角（如图 1.34）。反过来也对：对于直线 l 上一点 P 及在 l 异侧的两点 A，B（这里 A 与 l 的距离大于 B 与 l 的距离），若线段 AP 与直线 l 构成的角等于线段 BP 与直线 l 构成的角，则 A，B 到点 P 的距离之差 $|AP|-|BP|$ 比 A，B 到 l 上其他各点的距离之差

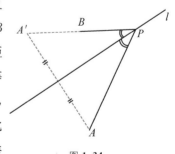

图 1.34

都大。

解法 2　现在我们用轨迹的观点
来分析和解决这个问题。大家知道，
到两个定点 A，B 距离之差是定数的
动点的轨迹是一条以 A，B 为焦点的
双曲线，到 A，B 两点的距离之差小
于这个定数的点，在这条双曲线的一
侧（也称外部），到 A，B 距离之差大

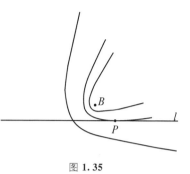

图 **1.35**

于这个定数的点，在这条双曲线的另一侧（也称内部）。当这个定数取
不同值时，便得到以 A，B 为焦点的一簇双曲线（如图 1.35）。

　　现在我们要在已知直线 l 上找一点 P，使 $|AP|-|BP|$ 有最大
值，即对于直线 l 上其他点 M，有 $|AM|-|BM|<|AP|-|BP|$。
这其实就是要在上述以 A，B 为焦点的双曲线簇中，找出那条与 l
相切的双曲线，直线 l 与该双曲线的切点即为所求点 P（如图
1.35）。因为这时直线 l 上只有点 P 在这条双曲线上，直线 l 上的
其他一切点都在这条双曲线的外部，因此点 P 是在直线 l 上且与
A，B 距离之差 $|AP|-|BP|$ 为最大的点。

　　对于解法 2，我们应用解法 1 的推论，可得下述定理：双曲线
上任一点和两个焦点所连线段与双曲线在该点的切线构成相等的
角。反过来，若过双曲线上一点的直线，使两个焦点在它的两侧，
且它与该点和两个焦点所连线段构成相等的角，则该直线必为双
曲线的一条切线（如图 1.36）。

　　这个定理称为双曲线的焦点切线性质。这个性质也有一个在
光学上的应用：如果反射镜面做成双曲面（用一条双曲线绕它的实
轴旋转而成的曲面），我们把光源放在一个焦点 B 处（如图 1.37），

根据光学上的反射定律——入射角等于反射角，以及上述双曲线的焦点切线性质，则经过镜面反射后的光线，就如同是从另一个焦点 A 发出的一样。

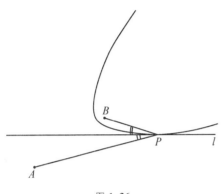

图 1.36

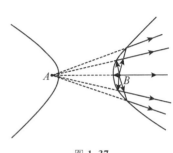

图 1.37

现在我们来猜想抛物线的焦点切线性质。对于椭圆和双曲线，都是曲线上任一点与两个焦点所连线段与曲线在该点的切线构成相等的角，而抛物线只有一个焦点。我们不妨把另一个焦点想象成沿着对称轴无限远去，最终消失了。因此那个无限远去而消失了的焦点与抛物线上一点的连线，就与抛物线的对

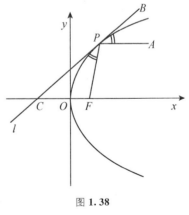

图 1.38

称轴平行了，即变成过该点平行于对称轴的直线。于是我们猜想，抛物线的焦点切线性质是：抛物线的焦点和抛物线上任一点所连线段，以及过该点平行于对称轴的直线，与抛物线在该点处的切线构成相等的角(如图 1.38)。反过来，若过抛物线上一点的直线，

使焦点和该点连线及过该点平行于对称轴的直线，与该直线构成相等的角，则该直线必为抛物线的切线。

注意　这只是我们的分析和猜想，下面我们就来证明这个猜想。

已知抛物线为 $y^2=2px$，焦点为 $F\left(\dfrac{p}{2},\,0\right)$，$P(x_0,\,y_0)$ 是抛物线上任一点，$PA\parallel x$ 轴，直线 l 与抛物线在点 P 相切，l 与 x 轴交于点 C，求证：l 与 FP 的夹角等于 l 与 PA 的夹角，即 $\angle CPF=\angle BPA$（如图 1.38）。

因为 $PA\parallel x$ 轴，所以 $\angle BPA=\angle PCF$，因此只需证明 $\angle PCF=\angle CPF$，为此只需证明 $|CF|=|FP|$ 即可。

$P(x_0,\,y_0)$ 处的切线 l 的方程为 $y_0y=p(x+x_0)$，于是得 l 与 x 轴（$y=0$）的交点 C 的坐标为 $(-x_0,\,0)$。已知点 $F\left(\dfrac{p}{2},\,0\right)$，所以

$$|CF|=\frac{p}{2}+x_0,$$

$|PF|=\sqrt{\left(x_0-\dfrac{p}{2}\right)^2+y_0^2}=\sqrt{x_0^2-px_0+\dfrac{p^2}{4}+y_0^2}$。因为 $P(x_0,\,y_0)$ 在抛物线上，所以 $y_0^2=2px_0$，代入上式得

$$|PF|=\sqrt{x_0^2+px_0+\frac{p^2}{4}}=\left|x_0+\frac{p}{2}\right|=x_0+\frac{p}{2},$$

所以有 $|CF|=|PF|$。

反之，已知抛物线 $y^2=2px$ 的焦点为 $F\left(\dfrac{p}{2},\,0\right)$，$P(x_0,\,y_0)$ 为抛物线上任一点，$PA\parallel x$ 轴，l 是过点 P 的一条直线，l 与 x 轴交于点 C，l 与 PA 的夹角和 l 与 PF 的夹角相等，即 $\angle BPA=\angle CPF$，求证 l 与抛物线相切于点 P（如图 1.38）。

因为 $PA /\!/ x$ 轴，所以 $\angle FCP = \angle BPA$，因而有 $\angle FCP = \angle CPF$，于是在 $\triangle FCP$ 中 $|CF| = |PF|$。已知焦点 $F\left(\dfrac{p}{2}, 0\right)$，且 $P(x_0, y_0)$ 在抛物线上，前面我们已经算得 $|PF| = x_0 + \dfrac{p}{2}$，所以有 $|CF| = x_0 + \dfrac{p}{2}$，而 C, F 都在 x 轴上，因此可得点 C 的坐标为 $(-x_0, 0)$。因此直线 l 过 P, C 两点，所以 l 的方程为

$$\frac{x - x_0}{-x_0 - x_0} = \frac{y - y_0}{-y_0},$$

即
$$2x_0 y = y_0 x + y_0 x_0,$$

由于 $P(x_0, y_0)$ 在抛物线上，因此有 $y_0^2 = 2px_0$，即 $2x_0 = \dfrac{y_0^2}{p}$，代入上式左端再约去 y_0 得

$$y_0 y = p(x + x_0)。$$

这就证明了直线 l 确是抛物线在点 P 处的切线。

综上所述，我们证明了上述关于抛物线的焦点切线性质的猜想是对的。

抛物线的上述焦点切线性质在光学上有一个应用：将反射镜面做成抛物面（用一条抛物线绕它的对称轴旋转而成的曲面），若将光源放在它的焦点处，根据光学上的反射

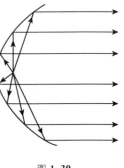

图 1.39

定律——入射角等于反射角，以及上述抛物线的焦点切线性质，则所有的光线经过镜面反射后，将变为一束平行光线（如图 1.39）。探照灯就是利用这个原理制成的（如图 1.40）。太阳灶的原理也同样：我们把太阳光线看成是平行光线，太阳灶的反射镜面做成抛

物面的形状，水壶置于焦点处，这个装置便可将太阳热能集中在水壶上(如图 1.41)。

图 1.40　　　　　　　　　　图 1.41

1.3.2　用纸折椭圆、双曲线和抛物线

在上一小节我们得到了关于椭圆、双曲线和抛物线的焦点切线性质，做了这个准备之后，我们便可以来解决本节开头提出的问题了：证明依图 1.27 的方法折出的曲线——所折出的折痕直线簇的包络线，确是一个椭圆，然

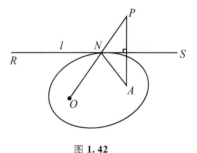

图 1.42

后再给出用纸折双曲线和抛物线的方法。

现在我们来证明：图 1.27 中所得折痕直线簇的包络线是一个以圆心 O 和定点 A 为焦点的椭圆，它的长轴长等于圆 O 的半径。

我们首先证明每一条折痕都与这个椭圆相切。

将圆周上一点 P 折到圆内定点 A，所得折痕 RS 即为线段 AP

的垂直平分线(如图 1.42)。连接 OP 交折痕于 N，连接 AN，则 $AN=NP$，于是有 $ON+AN=OP$，即 N 到两定点 O，A 距离之和为定数(圆 O 的半径)。这就是说，N 在以 O，A 为焦点，长轴长为圆 O 的半径的椭圆上。又 $\angle RNO=\angle SNP=\angle SNA$，由椭圆的焦点切线性质，可得 RS 是上述椭圆在点 N 处的切线。于是我们证明了任意一条折痕都与上述椭圆相切。

下面我们来证明上述椭圆的每一条切线都是一条折痕。

如图 1.43 所示，设 RS 是与椭圆相切于 N 的一条切线，连接 ON，NA，则 $\angle RNO=\angle SNA$。延长 ON 与圆 O 交于 P，因为 $ON+NA=OP$，所以 $NP=NA$，连接 PA 交 RS 于 M，则 $\triangle PNM\cong\triangle ANM$，得 MN 垂直平分 PA，即 RS 是 PA 的垂直平分线，也即

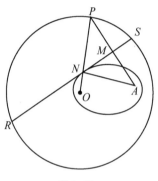

图 1.43

切线 RS 是把圆周上的点 P 折到圆内定点 A 时所得到的折痕。

把上述两个方面合起来，我们就证明了折痕直线的集合恰是上述椭圆的切线的集合，即折痕直线簇恰是椭圆的切线簇。于是我们就证明了上述椭圆确是折痕直线簇的包络线。

由上述推导过程，我们可以顺带得到一个副产品——过椭圆上一点作椭圆切线的方法：

已知椭圆的两个焦点 O，A，椭圆的长轴长 $2a$ 及椭圆上的一点 N，求作椭圆在点 N 处的切线。作法步骤如下(如图 1.43)：

(1)连接 ON，延长 ON 到 P，使 $OP=2a$；

(2)连接 AP，取 AP 的中点 M；

（3）连接 N，M 的直线即为所求作的切线。

你能证明直线 NM 确与椭圆相切吗？

过已知椭圆外一点 T，如何作椭圆的切线呢？借助于图 1.43，我们先来分析一下椭圆切线 NM 上的点具有什么性质。因为 NM 是 AP 的垂直平分线，所以 NM 上的点（T）到 A，P 两点等距离。因此，由 T 可以求出圆 O 上一点 P，使 $PT=AT$，将 P 折到 A 的折痕直线，就是椭圆的一条切线且过已知点 T（即所求的切线）。于是得到下述作法。

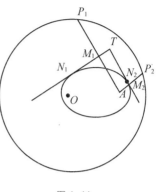

图 1.44

已知椭圆的两焦点为 O，A，长轴长为 $2a$ 及椭圆外一点 T，求作过点 T 与椭圆相切的直线。作法步骤如下（如图 1.44）：

（1）以 O 为圆心、$2a$ 为半径作圆 O；

（2）以 T 为圆心，TA 为半径画弧交圆 O 于 P_1，P_2；

（3）连接 AP_1，AP_2，取 AP_1 的中点 M_1，AP_2 的中点 M_2；

（4）作直线 TM_1 及 TM_2，它们就是所求的切线。

你能证明上述 TM_1 及 TM_2 确与椭圆相切吗？

下面我们给出用纸折双曲线的方法。

在纸上画一个圆，圆心为点 O，圆外取一定点 A，依次把 A 折到圆 O 边界上的各点，每折一次在纸上留下一条折痕，当折叠的次数足够多时，纸上众多的折痕就能显现出一条双曲线的形象（如图 1.45）。它和所有的折痕直线都相切，它就是折痕直线簇的包络线。

现在我们来证明，上述折痕直线簇的包络线确是一条以圆心 O 和定点 A 为焦点，且实轴长等于圆 O 的半径的双曲线。先证明依上法所得的每一条折痕都与这个双曲线相切，再证明这个双曲线的每一条切线都是依上法所得的一条折痕。

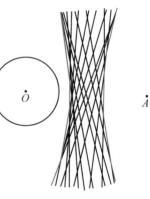

图 1.45

设 P 为圆 O 上任一点，把圆外定点 A 折到点 P 的折痕是线段 AP 的垂直平分线 l（如图 1.46），l 交 AP 于 M，则 M 是 AP 的中点。连接 OP 并延长之使它与 l 相交于 N，连接 AN，于是

$$PN = AN, \quad ON = OP + PN = OP + AN, \quad ON - AN = OP。$$

根据双曲线的定义，点 N 在以 O，A 为焦点、OP 为实轴长的双曲线上。又由 $\angle PNM = \angle ANM$，根据双曲线的焦点切线性质，可知 l 是上述双曲线在点 N 处的切线。

反过来，若 l 是上述双曲线在点 N 处的一条切线（如图 1.46），连 ON 交圆 O 于 P，AP 与 l 交于 M，由双曲线的焦点切线性质可得 $\angle PNM = \angle ANM$。又由 $ON - AN = OP$ 得 $AN = ON - OP = NP$，又 $MN = MN$，故 $\triangle PNM \cong \triangle ANM$，所以 l 是 AP 的垂直平分线，即 l 是把 A 折到 P 的折痕。

由上面的推导过程，我们可以得到分别过双曲线上一点和双曲线外一点作双曲线的切线的方法。作

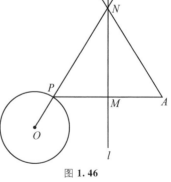

图 1.46

为练习，建议读者类比椭圆的情形，自己来解这两个作图题。

下面我们来讨论如何用纸折出抛物线。

由上述关于椭圆和双曲线的讨论，我们得知，用纸折出椭圆和双曲线，其实就是折出椭圆和双曲线的切线簇，也就是使每一条折痕都是切线，并且每一条切线都是折痕。现在要折出抛物线，也就是要折出抛物线的切线簇。为此，我们先来分析抛物线的切线具有什么特征。

设 l 是抛物线上点 N 处的切线（如图 1.47），过 N 作准线 a 的垂线，垂足为 P，连接焦点 F 和点 P，FP 交 l 于 M，由抛物线的焦点切线性质得 $\angle 1 = \angle 2 = \angle PNM$。连接 FN，由抛物线定义得 $|NP| = |NF|$，于是 $\triangle PNM \cong \triangle FNM$，故 $\angle PMN = \angle FMN$ 皆为直角。于是有 NM 垂

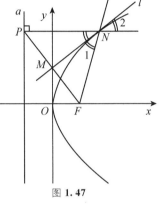

图 **1.47**

直平分 PF，即切线 l 是线段 PF 的垂直平分线。反过来也有准线 a 上每一点 P 与焦点 F 的连线段的垂直平分线 l 都是抛物线的切线。事实上，过 P 作准线 a 的垂线交 l 于点 N，连 NF，由 l 是 PF 的垂直平分线得 $|NP| = |NF|$，于是 N 在抛物线上；再由 $\angle 1 = \angle PNM = \angle 2$，根据抛物线的焦点切线性质，所以 l 是抛物线在点 N 处的切线。

由上述分析我们得到：定直线 a 上所有的点与定点 F 所连线段的垂直平分线，就是以定点 F 为焦点、以定直线 a 为准线的抛物线的所有切线。于是我们可以通过折线，折出抛物线的所有切线。方法如下：

取一长方形纸片,一个长边的
中点为 F,对边为 a,将 F 分别折
到对边 a 的不同点上,每折一次就
得到一条折痕,当折纸的次数足够
多时,纸上众多的折痕就显现出一
条抛物线的形象(如图 1.48),它与
所有的折痕直线皆相切。这是一条

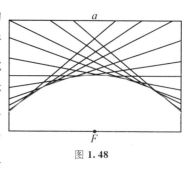

图 1.48

以定点 F 为焦点、定直线 a 为准线的抛物线,它就是上述折痕直
线簇的包络线。

从上述折法可知,每一条折痕就是 a 上一点 P 与 F 连线段的
垂直平分线。在前面的分析中,我们已经证明了该垂直平分线就
是上述抛物线的一条切线;而反过来,该抛物线的每一条切线都
是 a 上某一点 P 与 F 的连线段的垂直平分线,因而可以用上述方
法折出来。

从前面的分析过程,我们还可
以得到求作抛物线的切线的一个方
法。由图 1.47 可见,只要能作出准
线上的一点 P,则 P 与焦点 F 所连
线段的垂直平分线,就是抛物线的
一条切线。

已知抛物线上一点 N,要作点
N 处的切线,只需由 N 作出准线上
与之相应的点 P 就行了。观察图
1.47 可知,P 是过 N 向准线作垂线
的垂足。作出了 P,连接 PF,则

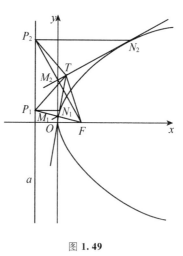

图 1.49

PF 的垂直平分线就是过点 N 的切线。

已知抛物线外部一点 T，要作过点 T 的切线，只需由 T 作出准线上与之相应的点 P 就行了。由图 1.47 可知，切线 l 上的每一点到 P 与 F 等距离（因为 l 是 PF 的垂直平分线），因要求 T 在 l 上，故 T 到 P 的距离必须等于 TF。根据这个条件，我们可由 T 和 F 作出点 P：以 T 为圆心、TF 之长为半径画弧，与准线 a 的交点即为点 P。一般有两个交点 P_1，P_2（如图 1.49）。连接 P_1F，P_1F 的垂直平分线 M_1T 即为所求过点 T 的一条切线，过 P_1 作准线 a 的垂线与 M_1T 的交点 N_1，即为该切线 M_1T 上的切点。同样，由点 P_2 可以作出过点 T 的另一条切线 M_2T。其证明留给读者。

1.3.3　椭圆、双曲线和抛物线的画法

本节介绍一种椭圆、双曲线和抛物线的画法——矩形法作图。

先看抛物线 $y^2 = 2px$，它是由点组成的，因此若能作出抛物线上足够多的点，则抛物线即可描出。如果我们不希望通过逐个算出坐标的方法描点，有什么别的办法呢？由于每个点都可以看成是两条直线的交点，因此只要我们能作出对应交点是抛物线上的点的两组直线，那么把它们的对应交点平滑地连接起来，就描绘出这条抛物线了。

下面我们就给出这样一种画抛物线的方法，称为矩形法作图。步骤如下（如图 1.50）：

（1）取满足方程 $y^2 = 2px$ 的第一象限内一点 $C(h, k)$，作矩形 $OACB$，使两邻边 $OA = h$，$OB = k$ 分别在 x 轴和 y 轴上；

（2）把 BC 和 OB 各 n 等分（如图 1.50 中 $n=4$），并按从 B 到 C 和从 O 到 B 的方向将各自的等分点依次记为 1，2，3，$\cdots$，$n-1$ 和 $1'$，$2'$，$3'$，$\cdots$，$(n-1)'$；

(3)连接 $O1$，与过 $1'$ 所作 x 轴的平行线交于 P_1，连接 $O2$，与过 $2'$ 所作 x 轴的平行线交于 P_2，…，连接 $O(n-1)$，与过 $(n-1)'$ 所作 x 轴的平行线交于 P_{n-1}；

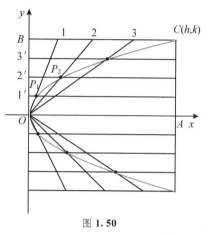

图 1.50

(4)顺次将 O，P_1，P_2，…，P_{n-1}，C 平滑地连接起来，便得抛物线的上半支的一段；

(5)仿照上述步骤再作出下半支的一段。

如何证明用上面的方法描出的曲线确是抛物线呢？只需证明上述作图中所得交点 P_1，P_2，…确是抛物线上的点就行了。

设 $P(x, y)$ 是上述交点之一，不妨设它是直线 Om 与过 m' 所作平行于 x 轴的直线的交点。因为点 m 的坐标为 $\left(\dfrac{m}{n}h, k\right)$，所以直线 Om 的方程为 $y=\dfrac{nk}{mh}x$。因为 m' 的坐标为 $\left(0, \dfrac{m}{n}k\right)$，所以过 m' 平行于 x 轴的直线方程为 $y=\dfrac{m}{n}k$。由于点 $P(x, y)$ 是上述两直线的交点，因此是方程组

$$\begin{cases} y=\dfrac{nk}{mh}x, \\[2mm] y=\dfrac{m}{n}k \end{cases}$$

的解。当 m 取不同的值时，便得到不同的交点 P_m。我们把 m 看成参变数，从上述方程组中消去参数 m，得

$$y^2 = \frac{k^2}{h}x,$$

因为 $C(h, k)$ 在抛物线 $y^2 = 2px$ 上，所以 $k^2 = 2ph$，代入上式得到

$$y^2 = 2px,$$

即当 m 变动时，所有的交点 $P(x, y)$ 都在抛物线 $y^2 = 2px$ 上。这就证明了用上述方法描出的曲线确是抛物线。

现在介绍椭圆 $\dfrac{x^2}{a^2} + \dfrac{y^2}{b^2} = 1$ 的矩形法作图，步骤如下（如图 1.51）：

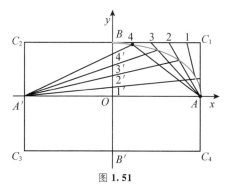

图 1.51

(1) 取 $C_1(a, b)$，作矩形 $C_1 C_2 C_3 C_4$，使两邻边 $C_1 C_2$ 和 $C_1 C_4$ 的长分别为 $2a$ 和 $2b$，一组对边 $C_1 C_4$ 和 $C_2 C_3$ 交 x 轴于 A 及 A'，另一组对边 $C_1 C_2$ 和 $C_4 C_3$ 交 y 轴于 B 及 B'；

(2) 将 $C_1 B$ 和 OB 各 n 等分（如图 1.51 中 $n=5$），并按从 C_1 到 B 和从 O 到 B 的方向将各自的等分点依次记为 $1, 2, 3, \cdots, n-1$ 和 $1', 2', 3', \cdots, (n-1)'$；

(3) 作 $A1$ 与 $A'1'$ 的交点 P_1，$A2$ 与 $A'2'$ 的交点 P_2，$\cdots$，$A(n-1)$ 与 $A'(n-1)'$ 的交点 P_{n-1}；

(4) 顺次平滑地连接 A，P_1，P_2，$\cdots$，P_{n-1}，B，即得椭圆的 $\dfrac{1}{4}$；

(5)仿照上述步骤再作出其余的 $\dfrac{3}{4}$。

证明留给读者作为练习。

类似地，我们也有双曲线 $\dfrac{x^2}{a^2}-\dfrac{y^2}{b^2}=1$ 的矩形法作图，步骤如下

（如图 1.52）：

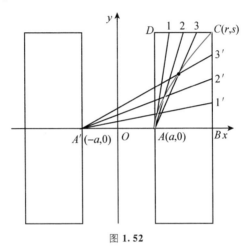

图 1.52

（1）作出顶点 $A(a,\ 0)$，$A'(-a,\ 0)$。在第一象限内取坐标满足方

程 $\dfrac{x^2}{a^2}-\dfrac{y^2}{b^2}=1$ 的点 $C(r,\ s)$，作矩形 $ABCD$，使 AB 在 x 轴上；

（2）把 DC 和 BC 各 n 等分（如图 1.52 中 $n=4$），并按从 D 到 C

和从 B 到 C 的方向，将各自的等分点依次记为 1，2，3，$\cdots$，$n-$

1 和 $1'$，$2'$，$3'$，$\cdots$，$(n-1)'$；

（3）作出 $A1$ 与 $A'1'$ 的交点 P_1，$A2$ 与 $A'2'$ 的交点 P_2，$\cdots$，

$A(n-1)$ 与 $A'(n-1)'$ 的交点 P_{n-1}；

（4）顺次平滑地连接 A，P_1，P_2，$\cdots$，P_{n-1}，C，即得双曲线

在第一象限内的一段 AC；

（5）仿照上述步骤再作出双曲线在其他象限内的各段。

证明留给读者作为练习。

习题 3

1. 你能用圆纸片折出圆吗？请给出关于你的折法的证明。

2. 已知双曲线的两个焦点 O，A，实轴长为 $2a$，N 是双曲线上一点，求作双曲线在点 N 处的切线。

3. 已知双曲线的两个焦点 O，A，实轴长为 $2a$，T 是双曲线外部一点，求作双曲线过点 T 的切线。

4. 本节介绍了椭圆 $\dfrac{x^2}{a^2}+\dfrac{y^2}{b^2}=1$ 的矩形法作图（如图 1.51），试给出它的证明。

5. 本节介绍了双曲线 $\dfrac{x^2}{a^2}-\dfrac{y^2}{b^2}=1$ 的矩形法作图（如图 1.52），试给出它的证明。

§2. 历史与方法

§2.1　笛卡儿和他的"眼镜"——解析几何的创立

　　17世纪30年代以前，几何和代数都
已经有了相当的发展，但它们是互相分离
的两个学科，各自独立互不联系。法国哲
学家勒奈·笛卡儿（René Descartes，
1596—1650），对研究问题的方法论有特
别的兴趣，他对当时的几何方法与代数方
法进行比较，分析了它们各自的优点和缺
点。他认为，没有任何东西比几何图形更
容易印入人脑，因此用图形来表达事物非
常有益。但是他也看到，欧几里得以来的

图 **2.1**

几何中差不多每一个定理的证明都要求某种新的往往是奇巧的想
法，他对这一点深感不安，他还批评希腊人的几何过多地依赖于
图形。他完全看到了代数的力量，认为代数在提供广泛的方法论
方面高于希腊人的几何方法。他强调代数具有一般性，例如我们
用字母代替数时，它可以代表各种数：正数、负数和零。代数中
的公式可以使解题过程机械化。因此他认为，代数具有作为一门
普遍的科学方法的潜力。但同时他也批评当时的代数完全受公式
和法则的控制，不像一门改进思想的科学。他主张采取代数和几何
中一切最好的东西，互相取长补短。他说："我想，应当寻求另外一

种包含这两门学科的好处而没有它们的缺点的方法。"在这个思想的指导下，笛卡儿把代数方法用于几何，创立了解析几何——一种研究几何问题的新方法：通过坐标系，将平面上的曲线用含两个变量 x，y 的方程表示，使得图形的几何关系在方程的性质中表现出来。解析几何的创立是数学史上的转折点，它导致了微积分的创立，从此数学进入了变量数学的新时期。正如恩格斯所指出的："数学中的转折点是笛卡儿的变数，有了变数，运动进入了数学，有了变数，辩证法进入了数学，有了变数，微分和积分也就立刻成为必要的了"。(《自然辩证法》)

1596 年 3 月 31 日笛卡儿生于法国土伦的拉哈耶，8 岁上一所耶稣教会学校，16 岁入普瓦捷大学攻读法学，4 年后获博士学位，旋即去巴黎，当了 1 年律师，这期间他结识了梅森和迈多治，和他们一起研究数学。后来的几年中，他在军队服役，到过荷兰、丹麦、德国，但他一直继续研究数学。1625 年他回到巴黎后，为望远镜的威力所激动，一心钻研光学仪器的理论和构造。1628 年移居荷兰，那里有较为安静和自由的学术环境，他在那里住了 20 年，从事哲学、数学、天文学、物理学、化学和生理学的研究，他的主要著作如《思想的指导法则》《世界体系》《哲学原理》《音乐概要》等，几乎全是在那里完成的。1649 年冬天，他应瑞典女王克里斯蒂娜的邀请，到斯德哥尔摩做女王的教师，几个月以后患肺炎，1650 年 2 月 11 日病逝，终年 54 岁。

1637 年笛卡儿写成三篇论文：《折光学》《气象学》和《几何学》，并为此写了一篇序言《科学中正确运用理性和追求真理的方法论》，这是一本哲学的经典著作，哲学史上简称为《方法论》，同年 6 月在莱顿匿名出版。上述关于解析几何的思想就包含在《几何学》之中，《几何学》是笛卡儿写的唯一一本数学书。笛卡儿一生中在数学上并没有花太多的时间，因此那部被誉为"迄今为止最好的一本数学史"的《古今数学思想》（〔美〕M. 克莱因著）中称笛卡儿"是第一个杰出的近代哲学家、近代生物学的奠基人、第一流的物理学家，但只偶然地是个数学家。"然而这并不影响笛卡儿由于创立了解析几何而在数学史上做出了划时代的贡献。

笛卡儿首先是作为哲学家来研究数学的，他致力于寻找在一切领域建立真理的方法，他说这个方法就是数学方法。数学立足于公理之上的证明是无懈可击的，而且是任何权威所不能左右的，数学提供了获得必然结果以及有效地证明其结果的方法。笛卡儿清楚地看到，数学方法超出它的对象之外，他说："……所有那些目的在于研究顺序和度量的科学，都和数学有关。至于所求的度量是关于数的还是形的，是关于星体的还是声音的，以及是关于其他东西的，都是无关紧要的。因此应该有一门普遍的科学，去解释所有我们能够知道的顺序和度量，而不考虑它们在个别学科中的应用。事实上，通过长期使用，这门学科已经有了它自己的专名，这就是数学。它之所以在灵活性和重要性上远远超过那些依赖于它的科学，是因为它完全包括了这些科学的研究对象和许许多多别的东西。"他又说："几何学家惯于在困难的证明中用来达到结论的成长串的简单而容易的推理，使我想到：所有人们能够知道的东西，也同样是互相联系着的。"他从关于数学方法的研究中，抽出了在任何领域中获得正确知识的一些原则：

（1）不要承认任何事物是真的，除非它在思想上清楚明白到毫无疑问的程度；

（2）要把困难分成一些小的难点；

（3）要由简到繁，依次进行；

（4）最后要列举并审查推理的步骤，要做得彻底，使毫无遗漏的可能。

上述这些是他从数学家的实践中提炼出来的方法要点。他希望用这些要点，去解决哲学、物理学、解剖学、天文学、数学和其他领域中的问题，虽然他的这个大胆的计划并未成功，但他确实对哲学、科学和数学做出了很大的贡献。他以《方法论》为序的三篇论文，就是为了证明他的方法是有效的，他自信已经证明了。在《几何学》中，他把代数与几何相结合，创立了几何学研究的新方法——解析几何，极大地推动了数学的发展。

笛卡儿创立解析几何也是适应了当时科学技术发展的需要。17世纪由于生产力的发展和科学技术的进步，迫切要求数学提供一种定量工具。例如当开普勒发现行星沿椭圆轨道绕太阳运行，伽利略发现抛出去的石子沿抛物线轨道飞出时，就产生了计算行星运行的椭圆轨道和计算炮弹飞过的抛物线的需要，科学技术还要求计算某些形状不规则的物体的面积和体积等。研究物理世界，似乎首先需要几何，物体基本上是几何形象，运动物体的路线是曲线，把科学应用于短程测地学、航海学、日历计算、天文观测、抛射体运动和透镜设计等都需要数量知识。但古希腊人的几何不能适应这个要求，不能提供科学久已迫切需要的数量知识，而解析几何则能使人把物体的形象和运动路线表示为代数形式，从而可以导出数量知识。

笛卡儿用了很多时间进行自然科学的研究，广泛地做了力学、水静力学、光学和生物学方面的实验，他的漩涡理论是17世纪中最有影响的宇宙学，他对光学特别是对透镜的设计感兴趣。他说："我决心放弃那个仅仅是抽象的几何。这就是说，不再去考虑那些仅仅是用来训练思想的问题。我这样做，是为了研究另一种几何，即目的在于解释自然现象的几何。"他强调要把科学成果付诸应用，为了人类的幸福而去掌握自然。对笛卡儿来说，数学不是思维的训练，而是一门建设性的有用科学。

下面我们具体看一看在《几何学》一书中，笛卡儿是如何创立解析几何的。在开始部分，笛卡儿仿照韦达的方式用代数方法解几何中的作图题，后来才逐渐出现用方程表示曲线的思想。

笛卡儿首先指出，几何作图题要求对线段作加、减、乘、除，对特别的线段取平方根，而这几种运算也都包括在代数里，因此可以用代数的术语来表述几何作图题。具体过程是先用字母表示那些在作图中所必需的已知线段和未知线段，然后弄清楚这些线段之间的相互关系，使得同一个量能够用两种方式表示出来，这样就得到一个方程。如果最后得到的方程中只有一条未知的线段，那么解这个方程，可以用已知线段表出这条未知线段，然后画出未知线段。例如，某个几何问题归结为寻求一个未知长度（用字母 x 表示），经过代数运算，最后得到 x 满足方程 $x^2 = ax + b^2$，其中 a, b 是已知线段的长度，根据代数知识，从这个一元二次方程便可解出 x（笛卡儿不考虑负根）：

$$x = \frac{a}{2} + \sqrt{\frac{a^2}{4} + b^2} \text{。} \tag{1}$$

由式(1)即得 x 的画法如下：作 $\mathrm{Rt}\triangle LOM$，使两个直角边分别为 $OL = \dfrac{a}{2}$，$LM = b$（如图 2.2），则斜边就是 $\sqrt{\dfrac{a^2}{4} + b^2}$，延长 MO 到 N，使 $ON = \dfrac{a}{2}$，于是线段 MN 的长度即为所求 x。

这是用代数方法解作图题，只能说是代数在几何上的应用，还不是现代意义上的解析几何。

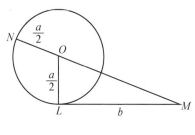

图 2.2

下一步，笛卡儿以帕普斯（Pappus，约 300—350 年前后）问题为例，说明当一个几何问题最后归结为一个含两个未知长度的方程时该怎么处理。

帕普斯问题是这样的：在平面上给定四条直线，从某一点作四条直线，各与一条已知直线相交成一个已知角（这四个角不一定相等），使所得四条线段中，某两条的乘积（指长度的乘积）与其余两条的乘积成正比，求此点的轨迹。帕普斯曾经断言，上述轨迹是一条圆锥曲线。笛卡儿在《几何学》第二卷中处理了这个问题。

设给定的四条直线是 AG，GH，EF 和 AD（如图 2.3），考虑一点 C，从 C 引四条直线各与一条已知直线交成一个已知角（四个已知角不一定相等），把所得四条线段分别记为 CP，CQ，CS，CR，要求满足条件 $CP \cdot CR = CS \cdot CQ$ 的点 C 的轨迹。

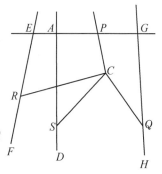

图 2.3

笛卡儿选定一条直线 AG 为基线，以点 A 为原点，在基线上从 A 量起的线段 AP 的长度记为 x，从基线出发与基线成固定角度的线段 PC 的长度记为 y。经过简单的几何考虑，从已知量得出 CR，CQ 和 CS 的值，把这三个值代入 $CP \cdot CR = CS \cdot CQ$，得到一个含 x 和 y 的二次方程

$$y^2 = Ay + Bxy + Cx + Dx^2,　\qquad(2)$$

其中 A，B，C，D 是由已知量组成的简单的代数式。

　　方程(2)是一个不定方程，任意给 x 一个值，就得到 y 的一个二次方程，从而可以解出 y，于是 y 可以画出，y 的端点即为一个满足条件的点 C。如果我们取无穷多个 x 值，就可得到无穷多个 y 值，从而可以得到无穷多个点 C，所有这些点 C 组成的轨迹，就是方程(2)表示的曲线。

　　笛卡儿在图 2.2 中所用的坐标系，实际是以直线 AG 为 x 轴，A 为原点，过 A 与 AG 成固定角度（即平行于 PC）的直线为 y 轴，因为两个坐标轴的交角不一定是直角，所以现在称为"斜角坐标系"。不过在笛卡儿的坐标系里，y 轴没有明显地出现，而且笛卡儿当时只考虑 x，y 取正值，所以他的图形只限制在第一象限内。

　　100 多年后，一个瑞士人（克拉美）才正式引入 y 轴。"横坐标"和"纵坐标"的名称笛卡儿也没有使用过，"纵坐标"是由莱布尼茨 1694 年正式使用的，而"横坐标"到 18 世纪才由沃尔夫等人引入。至于"坐标"一词，也是莱布尼茨 1692 年首先使用的。

　　可见当初笛卡儿的坐标系是不完善的，经过后人不断地改善，才形成了今天的直角坐标系，然而笛卡儿迈出的最初一步是具有决定意义的，所以人们仍把后来使用的直角坐标系称为笛氏直角坐标系。

　　笛卡儿在下列两点上独具慧眼：

　　其一，不论是二元一次方程还是二元二次方程，单有一个方程时，它们的解有无穷多组不能确定。研究数论的代数学家，只限于研究其中系数是整数的一类方程，而且只是在整数范围内求解(称为"丢番图方程"),对于其他情形则不屑一顾,然而笛卡儿把上述方程放到一个坐标系中来考察,让 x,y 表示线段的长度,由一条线段 x 就可以作出与其相应的另一条线段 y,从而得到 y 的一个端点,作出所有满足方程的 x,y,而这无穷多个 y 的端点就描绘出一条曲线,笛卡儿就把它叫作由这个方程所表示的曲线。这样,在一般数学家看来意义不大的这些方程,在笛卡儿眼中,却表示一条确定的曲线。笛卡儿借助于坐标系,赋予这些方程以生动的几何意义,从而在互相隔绝的代数与几何之间架起了一座桥梁,使之互相结合携手共进。这就是解析几何的方法。美国著名数学教育家波利亚把解析几何比喻为供代数和几何之间互译用的一部辞典,他说:"解析几何提供了一个系统的工具,把数的关系转换为几何关系,或反过来把几何关系转换为数的关系。在某种意义上可以讲,解析几何是一部两种语言的对照字典——公式语言和几何图形语言;它使我们很容易地把一种语言翻译成另一种语言。"①然而,我却更乐意把解析几何叫作"笛卡儿眼镜",戴上它可以从一个二元方程看到一条曲线,眼镜越高级,看到的几何信息就越多。我们学习解析几何,就是要为自己配一副高级的"笛卡儿眼镜"。

图 **2.4**

---

①　[美]G. 波利亚. 数学的发现(第二卷). 刘远图,秦璋,译. 北京:科学出版社,1987:511-512.

其二，古代几何中用方程表示几何问题时必须遵循齐次的原则，例如在古代数学家看来，方程 $ax^2+bx+c=0$ 就没有几何意义，因为 ax^2 表示体积量，bx 表示面积量，c 表示长度量，量纲不同不能相加。这一原则极大地限制了代数在几何中的应用。笛卡儿引进单位线段，突破了这一束缚。几何中两条线段 a，b 的乘积代表矩形面积，因而 $a+ab$ 没有意义；但在笛卡儿眼里，ab 仍是一条线段的长度。他的做法是，先定义一个单位线段，而单位线段与两条已知线段的第四比例项就是两条已知线段的乘积。如图2.5 所示，取 $OA=1$，$AB=a$，$OC=b$，作 $BD /\!/ AC$，则线段 CD 之长即为 ab。同样，也可以作出两个已知线段的商 $\dfrac{b}{a}$。图 2.6 作出了已知线段 a 的平方根 $\sqrt{a}$。这样，线段的加、减、乘、除和开平方等代数运算，就有了明确的几何意义。按原来几何中的解释，a 是长度，a^2 是面积，a^3 是体积，那么 a^4 表示什么呢？当 $n>3$ 时，a^n 在几何上就没有意义了；而按笛卡儿的解释，对于所有正整数 n，a^n 在几何上都可有意义，都表示线段的长度。笛卡儿通过单位数，把几何上的各种量都变成统一的数量表示，于是图形中各种量的关系都可化成数之间的关系，从而解除了几何强加在代数上的齐次原则的束缚，为把代数用于几何创造了条件。

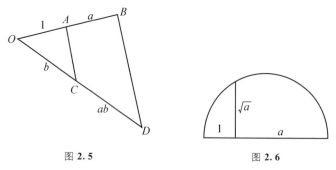

图 2.5　　　　　　　　　　　图 2.6

与笛卡儿同时，法国数学家费马（P. de Fermat，1601—1665）也得到了解析几何的要旨，他在《平面与立体的轨迹引论》一书中明确指出，方程可以描绘曲线，并通过方程的研究推断曲线的性质。因此他应与笛卡儿分享创立解析几何的荣誉。他的上述著作虽然在 1629 年写成，比笛卡儿的《几何学》还早，但直至他死后十几年，1679 年才由他的儿子出版，比笛卡儿的《几何学》（1637 年出版）晚问世 42 年，因此一般数学史多以笛卡儿的《几何学》的出版作为解析几何创立的标志。

下面讲两个关于笛卡儿的小故事。

1617 年 5 月，笛卡儿正在法国公爵奥伦治的一支部队中当兵，当时这支部队驻扎在荷兰南部的布莱达城。一天笛卡儿在街头散步，看见很多人在围观一张榜文，好奇心驱使笛卡儿也上前看个究竟。因为它是用荷兰文写的，笛卡儿便请在场的一位学者译给他听。原来是一道几何题，悬赏征求答案。笛卡儿仅用了几个小时就解出了这道难题。那位当翻译的学者对笛卡儿的数学才能大加赞许，邀请笛卡儿到家中作客叙谈，他建议笛卡儿专心研习数学，从此两人结为好友。这位学者就是当时多特大学的校长、数学家毕克门。这件事对笛卡儿的一生有很大影响。它使笛卡儿自信自己具有数学才能，从此开始认真地用心于数学，后来终于在数学上做出了杰出的贡献。很多书和文章在介绍笛卡儿时，差不多总要提到他这段"布莱达解题"的经历。这个故事告诉我们，保持旺盛的求知欲是多么的重要，用数学教育家波利亚的话来说，就是要使自己始终保持一个解题的"好胃口"，就像当年笛卡儿那样。

关于笛卡儿的另一个故事，是他写的书故意让人难以看懂。笛卡儿写的《几何学》一书很难读。他声称，欧洲当时几乎没有一位数学家能读懂它，书中很多模糊不清之处是由他故意搞的。那么，人们不禁要问：笛卡儿为什么故意要让他的书使人难懂呢？他自有他的理由。

其一，他在给朋友的一封信中解释说："我没有做过任何不经心的删节，但我预见到，对于那些自命为无所不知的人，我如果写得使他们充分理解，他们将不失机会地说我写的都是他们已经知道的东西。"这就是说，他不愿意为那些不虚心的人提供机会。

其二，他在书中只约略地指出作图法和证法，而把细节留给读者。为什么要这样呢？他在一封信中作了解释，他把自己的工作比做建筑师所做的工作，即订立计划，指明什么是应该做的，而把动手的操作留给木工和瓦工。他还说，他不愿意夺去读者自己进行加工时将会获得的乐趣。

其三，他的思想必须从他书中许多解出的例题去推测。他说他之所以删去书中绝大多数定理的证明，是因为如果有人不嫌麻烦而去系统地考查这些例题，一般定理的证明就成为显然的了，而且他认为照这样去学习更为有益。

笛卡儿所说的这三条理由，对于我们来说，无论是在端正学习态度方面，还是在采取正确的学习方法方面，都有很大的教益，值得我们用心去体会。

笛卡儿创立的解析几何方法，由于它具有解决各类问题的普遍性，如今不仅已经成为几何研究中的一个基本方法，而且已经远远超出数学领域，被广泛应用于精确的自然科学领域（如力学和物理学）之中了。

§2.2　地铁与公共汽车——解析法与综合法的比较

本节通过若干例题对解析几何方法(简称解析法)和平面几何方法(简称综合法)进行比较,以期加深读者对解析几何方法的认识。

例 2.1　试证:三角形三条中线交于一点,且该点分每条中线成 2∶1 的两段(从顶点量起)。

证法 1(综合法)　只需证明任意两条中线的交点 G 分这两条中线成 2∶1 的两段即可。因为是对任意两条中线证明的,所以这个交点 G 一定也在第三条中线上,并且把第三条中线也分成 2∶1 的两段。

设 $\triangle ABC$ 的三条中线为 AD,BE,CF(如图 2.7)。设 BE 与 CF 交于点 G,取 BG 的中点 H,CG 的中点 K,连接 FE 及 HK。因为 E,F 分别是 AC 和 AB 的中点,所以 $FE \underline{\underline{\parallel}} \dfrac{1}{2} BC$,同理 $HK \underline{\underline{\parallel}} \dfrac{1}{2} BC$,因此 $FE \underline{\underline{\parallel}} HK$,四边

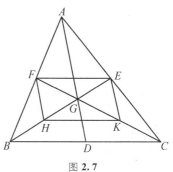

图 **2.7**

形 $EFHK$ 为平行四边形,对角线 FK 与 EH 互相平分。因而有 $BH = HG = GE$ 及 $CK = KG = GF$,即 BE 与 CF 的交点 G 把 BE 及 CF 皆分成 2∶1 的两段。

注　有时要求证明的结论加强了,反而比较易证。本题如果只要求证明三条中线交于一点,而不指明交点的特殊位置,反而不好下手了,证明时仍需证明交点是上述特殊点。

证法 2(解析法)　只需证明三条中线上分各自为 2∶1 的分点重合为一点,本题即得证,为此只需证明这三个分点的坐标相同即可。

如图 2.8 建立平面直角坐标系，设 $A(x_1，y_1)$，$B(x_2，y_2)$，$C(x_3，y_3)$ 为三角形的三个顶点，D，E，F 分别为 BC，CA，AB 的中点，于是有 $D\left(\dfrac{x_2+x_3}{2}，\dfrac{y_2+y_3}{2}\right)$，

$$E\left(\dfrac{x_3+x_1}{2}，\dfrac{y_3+y_1}{2}\right)，$$

$$F\left(\dfrac{x_1+x_2}{2}，\dfrac{y_1+y_2}{2}\right)。$$

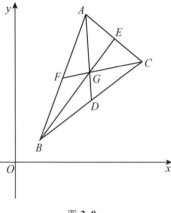

图 2.8

设 G_1 是分 AD 为 $\dfrac{AG_1}{G_1D}=\dfrac{2}{1}$ 的分点，则 G_1 的坐标为

$$\left(\dfrac{x_1+x_2+x_3}{3}，\dfrac{y_1+y_2+y_3}{3}\right)；$$

设 G_2 是分 BE 为 $\dfrac{BG_2}{G_2E}=\dfrac{2}{1}$ 的分点，则 G_2 的坐标为

$$\left(\dfrac{x_1+x_2+x_3}{3}，\dfrac{y_1+y_2+y_3}{3}\right)；$$

设 G_3 是分 CF 为 $\dfrac{CG_3}{G_3F}=\dfrac{2}{1}$ 的分点，则 G_3 的坐标为

$$\left(\dfrac{x_1+x_2+x_3}{3}，\dfrac{y_1+y_2+y_3}{3}\right)。$$

G_1，G_2，G_3 的坐标相同，所以它们是同一点，记为 G。

上述两种证法的比较：

用综合法证明，依赖于图形的几何性质，关键是要添加合适的辅助线。证法 1 中，若不添加 EF 及 HK 并证明四边形 $EFHK$ 为平行四边形，则必须添加另外的辅助线才能证明。若辅助线添加得奇巧，可使证明简捷而漂亮。但辅助线的添加因题而异，没

有普遍可用的方法。

从证法 2 可以看出，用解析法解题一般不需要添加辅助线，只需建立一个合适的坐标系，设出各点的坐标，并把几何条件用坐标关系表出，再经过代数运算即可得证。解析法解题有一套固定的程序和方法，也可以说题目本身已经指明了解题的步骤。

例 2.2　试证三角形三条高线交于一点。

证法 1（综合法）

(1)当△ABC 是直角三角形时结论成立（证明略）。

(2)当△ABC 是锐角三角形时（如图 2.9），设∠A 是锐角，AD，BE，CF 是三边上的高，BE 与 CF 交于 H，只需证明 H 也在 AD 上（即证 $AH\perp BC$）即可。为此延长 AH，交 BC 于 D'，只需证明 $AD'\perp BC$ 即可。

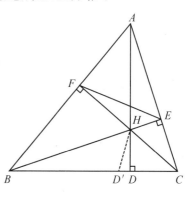

图 2.9

由上述分析，本题已知及求证都是垂直，因此本题证明的关键是几个垂直条件如何用。图 2.9 中∠BFC 和∠BEC 都是直角，能得到什么结论呢？B，F，E，C 四点共圆，A，F，H，E 四点也共圆。由四点共圆又可得一些相等的角，由前者可得∠$EFC=\angle EBC$，由后者可得∠$EFH=\angle EAH$。而∠$EFH=\angle EFC$，∠$EAH=\angle CAD'$，∠$EBC=\angle EBD'$，故有∠$EAD'=\angle EBD'$，所以又有 A，B，D'，E 四点共圆，因而得到∠$AD'B=\angle AEB=90°$，即 $AD'\perp BC$，所以 AD' 即为 AD。

(3)当△ABC 是钝角三角形时，设∠A 为钝角，则 BE 与 CF

的交点 H 在 $\triangle ABC$ 的外部(如图 2.10),这时(2)中的证明过程不再适用,需要根据图 2.10 重新叙述. 由 B,E,F,C 四点共圆得 $\angle EFB = \angle ECB$,由 A,F,H,E 四点共圆得 $\angle EFA = \angle EHA$,而 $\angle ECB = \angle ECD'$,$\angle EHA = \angle EHD'$,$\angle EFB = \angle EFA$,所以有 $\angle ECD' = \angle EHD'$。又得 H,E,D',C 四点共圆,因而得到 $\angle CD'H = \angle CEH = 90°$,即 $AD' \perp BC$,所以 AD' 即为 AD。

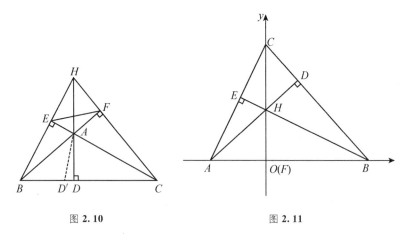

图 2.10　　　　　　　　图 2.11

证法 2(解析法)　取最长的一边(例如 AB)为 x 轴,该边上的高 CF 为 y 轴(F 为原点),建立平面直角坐标系(如图 2.11)。设 A,B,C 三点的坐标分别为 $(a, 0)$,$(b, 0)$,$(0, c)$,且 a,b,c 皆不为零。于是 BC 的方程为 $\dfrac{x}{b} + \dfrac{y}{c} = 1$,$AC$ 的方程为 $\dfrac{x}{a} + \dfrac{y}{c} = 1$,它们的斜率分别为 $k_{BC} = -\dfrac{c}{b}$,$k_{AC} = -\dfrac{c}{a}$。于是高 AD 的方程为 $y = \dfrac{b}{c}(x - a)$,高 BE 的方程为 $y = \dfrac{a}{c}(x - b)$,高 CF 即 y 轴,方程为 $x = 0$。将 AD 与 BE 的方程联立,解得交点 H 的横坐标 $x_H = 0$,说明 AD 与 BE 的交点 H 在 y 轴即 CF 上,故得 AD,BE,CF 交于一点。

上述两种证法的比较：

首先，综合法的证明完全依赖于图形，锐角三角形与钝角三角形的证明思路虽然相同，但具体叙述不能通用。而解析法证明由于字母可以代表各种情形的数，所以对于直角、锐角和钝角三种不同情形的三角形，可以统一处理而不必加以区别，证明中用的图形（如图2.11）虽然画成锐角三角形，但并不是专门针对锐角三角形来证明的，所以这个证明对于钝角三角形和直角三角形也都适用。解析法的证明具有一般性，不完全依赖于具体图形，这是解析法的最大优点。

再一点，因为综合法证明完全依赖于几何图形的性质，所以其方法因题而异，可以毫不夸张地说，几乎每一道题都需要某种奇巧的想法。例如上例中证明三高交于一点的方法，就不能搬去证明三中线交于一点，反过来也一样。而解析法则有很大的通用性，要证明三直线共点，只需写出三直线的方程，然后证明它们有公共解即可，而不管这三直线是三条高线还是三条中线，是三条角平分线抑或是三边的中垂线等。

还有一点，综合法证明中的每一步在几何上的意义都是明显的、清楚的，例如垂直、角相等、四点共圆等，而解析法证明只是在开始时将几何条件翻译为代数，接下来的全部是代数运算，直至得到结果后才又翻译成几何，中间的代数运算并无几何意义。难怪有人说，解析几何实质上是代数，例如上例中证明三线共点实质上就是个解联立方程组的问题。

关于综合法和解析法的这一区别，南京大学莫绍揆教授在北京师范大学数学系所做的一次讲演中打了一个生动的比喻，他把用综合法比做"乘公共汽车"，而把用解析法比做"乘地铁"，公共

图 **2.12**

汽车虽然慢一点，但沿途的风光能尽情欣赏，而地铁虽快，但全在地下，完全看不到沿途地面上的景致，只是到达目的地后才走上地面。这个比喻真是太形象了。

例 **2.3**   求定圆内有定长的弦的中点的轨迹。设定圆半径为 a，动弦的定长为 $2b$，$b \leqslant a$。

解法 **1**   如图 2.13 所示，设圆心为 O，动弦 P_1P_2 的中点为 M，于是有 $OM \perp P_1P_2$，所以

$$|OM| = \sqrt{OP_2^2 - P_2M^2} = \sqrt{a^2 - b^2},$$

即 OM 为定长。故所求 M 的轨迹为以 O 为中心，$\sqrt{a^2 - b^2}$ 为半径的圆。

解法 **2**   以圆心 O 为原点建立平面直角坐标系，则圆的方程为 $x^2 + y^2 = a^2$。设动弦 P_1P_2 的端点 P_1，P_2 的坐标分别为 (x_1, y_1) 及 (x_2, y_2)，$M(x, y)$ 为弦 P_1P_2 的中点，于是有

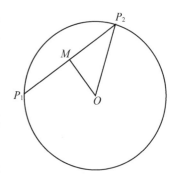

图 **2.13**

$$\begin{cases} x = \dfrac{x_1 + x_2}{2}, \\ y = \dfrac{y_1 + y_2}{2}. \end{cases} \tag{1}$$

因为点 P_1，P_2 在圆上，所以有

$$x_1^2 + y_1^2 = a^2 \tag{2}$$

及 $\qquad\qquad\qquad x_2^2 + y_2^2 = a^2。 \tag{3}$

又因为 $|P_1 P_2| = 2b$，所以有

$$\sqrt{(x_2 - x_1)^2 + (y_2 - y_1)^2} = 2b。 \tag{4}$$

从式（1）～（4）中消去参数 x_1，x_2，y_1，y_2（过程略），得

$$x^2 + y^2 = a^2 - b^2。$$

它是以原点为中心，$\sqrt{a^2 - b^2}$ 为半径的一个圆。这就是所求的轨迹。

解法 1 是综合法，添加了辅助线——圆心和动弦中点的连线，应用了圆的性质——圆心与弦中点的连线垂直于弦，解法简捷漂亮，但这个解法完全依赖于图形——圆，所以这个解法不能推广，若将圆换成椭圆，这个解法就不适用了。

解法 2 是解析法，这个解法具有一般性，它不完全依赖于具体图形，对于圆、椭圆、双曲线和抛物线普遍可用，只要把条件中圆的方程换成相应曲线的方程就行了。这是解析法的优越性所在。但它也有缺点：尽管每一步该怎么做我们很清楚，但实际做起来情形如何又是另一回事了，所需的代数运算可能很复杂而难以实现。例如上例中将圆的方程换成椭圆和双曲线的方程时，消参数 x_1，y_1，x_2，y_2 可能很复杂和困难。因此解析法的不足之处是，往往我们知道该怎么做，但实际却没有办法做成。因此用解析法解题，有时也必须通过某种巧妙的途径，以避免遇到代数上

的困难。这就是说，运用解析法解题也需要发挥我们的聪明和才智，也需要技巧（参见 §3.）。

例 2.4　托勒密定理　圆内接凸四边形两组对边乘积之和等于两对角线的乘积。

已知圆内接凸四边形 $ABCD$（如图 2.14），求证：$AB \cdot CD + BC \cdot AD = AC \cdot BD$。

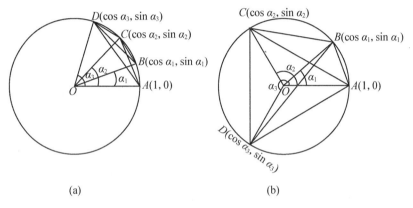

(a)　　　　　　　　　　(b)

图 2.14

证法 1（解析法）　我们约定：按逆时针方向依次指定顶点 A，B，C，D，使得由这四点将圆周分成的四段弧 $\overparen{AB}$，$\overparen{BC}$，$\overparen{CD}$，$\overparen{DA}$ 中 $\overparen{DA}$ 最长。如此，任意一个圆内接凸四边形必分属于下列两种情形之一：$\overparen{DA}$ 大于半圆周（如图 2.14(a)）或 $\overparen{DA}$ 小于或等于半圆周（如图 2.14(b)）。

取四边形 $ABCD$ 的外接圆圆心 O 为原点，设外接圆半径为单位长，A 为 $(1, 0)$，建立平面直角坐标系。设四边形 $ABCD$ 其他三个顶点的坐标为 $B(\cos \alpha_1, \sin \alpha_1)$，$C(\cos \alpha_2, \sin \alpha_2)$，$D(\cos \alpha_3, \sin \alpha_3)$。于是

$$\angle AOB = \alpha_1,\ \angle BOC = \alpha_2 - \alpha_1,\ \angle COD = \alpha_3 - \alpha_2,$$

$$\angle DOA = \begin{cases} \alpha_3, & \text{当 } \alpha_3 < \pi \text{ 时, (如图 2.14(a)),} \\ 2\pi - \alpha_3, & \text{当 } \pi \leqslant \alpha_3 < 2\pi \text{ 时, (如图 2.14(b)),} \end{cases}$$

$$AB = 2\sin\frac{\alpha_1}{2},\ BC = 2\sin\frac{\alpha_2 - \alpha_1}{2},\ CD = 2\sin\frac{\alpha_3 - \alpha_2}{2},$$

$$AD = \begin{cases} 2\sin\dfrac{\alpha_3}{2}, & \alpha_3 < \pi, \\ 2\sin\dfrac{2\pi - \alpha_3}{2} = 2\sin\dfrac{\alpha_3}{2}, & \pi \leqslant \alpha_3 < 2\pi, \end{cases}$$

于是　　　　　　　　　　$AD = 2\sin\dfrac{\alpha_3}{2}$。

又因为 $\angle AOC = \alpha_2$，$\angle BOD = \begin{cases} \alpha_3 - \alpha_1, & \alpha_3 - \alpha_1 < \pi, \\ 2\pi - (\alpha_3 - \alpha_1), & \pi \leqslant \alpha_3 - \alpha_1 < 2\pi, \end{cases}$

所以　　　　　　　　　　$AC = 2\sin\dfrac{\alpha_2}{2}$，

$$BD = \begin{cases} 2\sin\dfrac{\alpha_3 - \alpha_1}{2}, & \alpha_3 - \alpha_1 < \pi, \\ 2\sin\dfrac{2\pi - (\alpha_3 - \alpha_1)}{2} = 2\sin\dfrac{\alpha_3 - \alpha_1}{2}, & \pi \leqslant \alpha_3 - \alpha_1 < 2\pi, \end{cases}$$

即　　　　　　　　　　$BD = 2\sin\dfrac{\alpha_3 - \alpha_1}{2}$。

于是有

$$AB \cdot CD + BC \cdot AD = 2\sin\frac{\alpha_1}{2} \cdot 2\sin\frac{\alpha_3 - \alpha_2}{2} + 2\sin\frac{\alpha_2 - \alpha_1}{2} \cdot 2\sin\frac{\alpha_3}{2}$$

$$= 4\sin\frac{\alpha_1}{2}\left(\sin\frac{\alpha_3}{2}\cos\frac{\alpha_2}{2} - \cos\frac{\alpha_3}{2}\sin\frac{\alpha_2}{2}\right) +$$

$$4\sin\frac{\alpha_3}{2}\left(\sin\frac{\alpha_2}{2}\cos\frac{\alpha_1}{2} - \cos\frac{\alpha_2}{2}\sin\frac{\alpha_1}{2}\right)$$

$$= -4\sin\frac{\alpha_1}{2}\sin\frac{\alpha_2}{2}\cos\frac{\alpha_3}{2} + 4\cos\frac{\alpha_1}{2}\sin\frac{\alpha_2}{2}\sin\frac{\alpha_3}{3},$$

$$AC \cdot BD = 2\sin\frac{\alpha_2}{2} \cdot 2\sin\frac{\alpha_3 - \alpha_1}{2}$$

$$= 4\sin\frac{\alpha_2}{2}\left(\sin\frac{\alpha_3}{2}\cos\frac{\alpha_1}{2} - \cos\frac{\alpha_3}{2}\sin\frac{\alpha_1}{2}\right)$$

$$= 4\cos\frac{\alpha_1}{2}\sin\frac{\alpha_2}{2}\sin\frac{\alpha_3}{2} - 4\sin\frac{\alpha_1}{2}\sin\frac{\alpha_2}{2}\cos\frac{\alpha_3}{2},$$

即　　　　　$AB \cdot CD + BC \cdot AD = AC \cdot BD。$

证法 2(综合法)　在 AC 上取一
点 K，使 $\angle CBK = \angle DBA$ (如图
2.15)，又 由 $\angle BCK = \angle BCA =$
$\angle BDA$ 得 $\triangle BCK \backsim \triangle BDA$。于是有

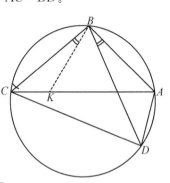

图 2.15

$$\frac{BC}{BD} = \frac{CK}{AD},$$

即 $BC \cdot AD = BD \cdot CK。$　　　　(1)

由 $\angle BAK = \angle BAC = \angle BDC$ 及 $\angle ABK =$
$\angle DBC$ 得 $\triangle ABK \backsim \triangle DBC$，于是有

$$\frac{AB}{BD} = \frac{AK}{CD}, \text{ 即 } AB \cdot CD = BD \cdot AK。 \qquad (2)$$

(1)+(2)得

$$AB \cdot CD + BC \cdot AD = BD \cdot (AK + KC) = BD \cdot AC。$$

证法 1 在建立合适的平面直角坐标系后，直接计算出题中各
线段的长度即可得证，但计算较繁。

证法 2 简捷而漂亮，归功于辅助线 BK 添得非常巧妙，然而这
条辅助线是很难想到的。作为一个有趣的练习，请读者尝试着分
析一下，它是如何想出的？

托勒密(Claudius Ptolemaeus，约 90—168)是公元 1~2 世纪
时的埃及人，他是亚历山大里亚时期希腊定量几何学的一门全新

的学科——三角学的三个创始人之一[其他两人是喜帕恰斯（Hipp-archus）和梅涅劳斯（Menelaus）]。三角学这门学科是由于人们想建立定量的天文学，以便用来预报天体的运行路线和位置，以帮助报时、计算日历、航海和研究地理而产生的。托勒密写的《数学汇编》使希腊三角学的发展及其在天文上的应用达到了顶点，在这部著作中，他总结了前人在三角学和天文学方面的研究成果，并造出了世界上第一个三角函数表。托勒密就是以上述"托勒密定理"为基础，把 $0°\sim180°$ 间所有相差为 $\left(\dfrac{1}{2}\right)^{°}$ 的弧所对应的弦都算出来列成表的。

　　总的来说，虽然综合法与解析法在解几何证明题时各有其优缺点，然而解析法的真正功用，不在于为解几何证明题提供一种方法，而是为研究自然现象提供了一个数学工具——通过方程来研究物体运动的轨迹曲线，为用微积分研究自然准备了条件，这个功用是综合法无法与之相比的。

　　就证明几何题而言，综合法有时很简捷，但往往需要有奇巧的想法，添加巧妙的辅助线，而要做到这一点有时是很难的，尤其是初学者。解析法具有一般性，建立坐标系，把几何条件翻译为代数表示，然后计算，有一定的操作程序可以遵循，或者说题目本身已经指出了解题的方向和步骤，但知道怎样做并不一定就能做出。解析法解题有时很简捷（如例 2.2），有时较繁杂（如例 2.4），有时甚至无法解出。例如有一个定理：三角形外接圆上任一点向三边（或其延长线）作垂线，三个垂足共线（称为辛姆生①线）。笔者想用解析法证明这个定理，虽然步骤很清楚，但我做了

———————————

① 辛姆生（Simson，1687—1768），英国数学家.

很久，计算式写了满满好几页，始终未能证出。[①]

再看一个例子。

例 2.5   凸四边形 $ABCD$ 内接于圆 O，对角线 AC 与 BD 相交于 P。$\triangle ABP$，$\triangle CDP$ 的外接圆相交于 P 和另外一点 Q，且 O，P，Q 三点两两不重合（如图 2.16）。试证 $\angle OQP =$ $90°$。（第 26 届国际数学奥林匹克试题第 5 题，1992 年中国数学奥林匹克第 7 届冬令营试题第 4 题）

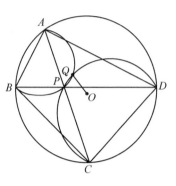

图 2.16

我们先用解析几何方法来试一试。建立平面直角坐标系，将条件逐条"翻译"为代数表示，然后计算。取外接圆心 O 为坐标原点，设出外接圆的方程，设出其上四点 A，B，C，D 的坐标，写出 AC 与 BD 的方程，解出交点 P，求出过 A，B，P 的圆的方程与过 C，D，P 的圆的方程，解出它们的另一个交点 Q，计算 PQ 与 OQ 的斜率，证明这两个斜率的乘积为 -1。

虽然上述解题步骤很清楚，而且不需要添加任何辅助线，但

---

①   后来陆续收到多位老师和同学来信告诉我，他们做出了辛姆生定理的解析法证明。他们的证明虽然各有差异，但不约而同地都在证明中反复运用了三角函数中的和差化积、积化和差的公式，找到了推导的正确途径，克服困难完成证明，值得我学习。先后来信的有：江西樟树中学的雷声亮老师（1998-04-25。来信），山东鄄城县一中高三的曹章同学（1999-05-09。来信），浙江杭州二中高二的万林同学（2000-12-09。来信），中国科学技术大学一年级的马套同学（2001-09-16。来信），在此向他们致谢。

由于所设参数较多，代数计算非常之繁，简直无法进行下去。因此我们放弃这个解法，转而从分析图形的几何性质入手寻找解法（综合法）。

　　证　已知 PQ 是 $\triangle ABP$ 与 $\triangle CDP$ 的外接圆的公共弦，设这两个圆的圆心分别为 O_1 及 O_2，于是有 $O_1O_2 \perp PQ$（如图 2.17）。因此要证 $OQ \perp PQ$，只需证明 $OQ /\!/ O_1O_2$ 即可。由于 O_1O_2

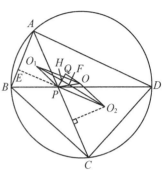

图 2.17

又平分 PQ，即 O_1O_2 交 PQ 于 PQ 的中点 H，考虑 $\triangle OPQ$，若能证明 O_1O_2 也交 OP 于 OP 的中点 F，则有 $FH /\!/ OQ$，即 $O_1O_2 /\!/ OQ$。为此只需证明 O_1O_2 平分 OP 即可。考虑四边形 O_1OO_2P，若能证明它是平行四边形，则 O_1O_2 就平分 OP 了，为此则需证明 $O_2P /\!/ OO_1$ 及 $O_1P /\!/ OO_2$。

　　注意到外接圆心 O_2 在弦 PC 的中垂线上，同弧所对圆周角是圆心角之半及同弧上的弓形角相等，我们有

$$\angle O_2PC = \frac{\pi}{2} - \frac{1}{2}\angle PO_2C = \frac{\pi}{2} - \angle PDC$$

$$= \frac{\pi}{2} - \angle BDC = \frac{\pi}{2} - \angle BAC,$$

延长 O_2P 交 AB 于 E，于是有

$$\angle APE = \frac{\pi}{2} - \angle EAP,$$

从而得 $\angle PEA = \frac{\pi}{2}$，即 $O_2P \perp AB$。而 AB 是圆 O 与圆 O_1 的公共弦，所以 $OO_1 \perp AB$，从而得 $OO_1 /\!/ O_2P$。同理有 $OO_2 /\!/ O_1P$。证毕。

　　解析几何虽然是用解析法来研究几何问题的，但也要善于应

用平面几何的成果和现成结论，不要拒绝平面几何的帮助，解题时要善于把解析法与综合法结合起来使用。

例 2.6　已知圆 $x^2+y^2=a^2$ 内部一点 $P(c, d)$，求被点 P 平分的弦所在直线的方程。

解　该圆的中心为原点 $O(0, 0)$，当 c, d 同时为零时点 P 即为圆心，过 P 的任一直线皆为所求，方程为

$$y=kx \quad \text{及} \quad x=0。$$

当 c, d 不同时为零时，点 P 不是圆心，由平面几何知，过点 P 且与 OP 垂直的弦被点 P 平分（如图 2.18），于是过点 P 垂直于 OP 的直线即为所求。已知点 P 的坐标为 (c, d)，当 c, d 全不为零时，OP 的斜率为 $\dfrac{d}{c}$，过点 P 且与 OP 垂直的直线的方程为

$$y-d=-\frac{c}{d}(x-c),$$

即　　　　$cx+dy-c^2-d^2=0。$

经验证可知，当 c 或 d 有一个为零时，上述方程亦是所求。

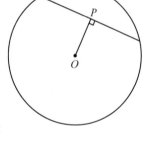

图 2.18

上述这个解法由于运用了平面几何中关于圆的性质，所以很简捷。若完全用解析法，不借助于平面几何中关于圆的性质，则解法要复杂得多（留给读者作为练习）。

例 2.7　在已知直线 $l: 2x-8y-5=0$ 上求一点 P，使 P 到点 $A(-2, 1)$ 及 $B(5, 5)$ 距离之和为最小，并求该最小值。

解　若完全用解析法，设所求点 P 的坐标为 (x, y)，则需求二元函数

$$f(x, y)=\sqrt{(x+2)^2+(y-1)^2}+\sqrt{(x-5)^2+(y-5)^2}$$

当 x，y 适合 $2x-8y-5=0$ 时的最小值以及使 $f(x，y)$ 取最小值
时的 x，y，解起来肯定相当复杂。

若应用平面几何的知识则可得：点
A 关于直线 l 的对称点 A' 与点 B 的连线
和 l 的交点即为所求点 P（如图 2.19）。

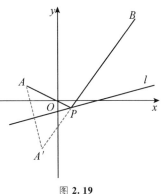

计算出 $A(-2，1)$ 关于直线 l：
$2x-8y-5=0$ 的对称点 $A'(-1，-3)$，
写出直线 $A'B$ 的方程，$A'B$ 与 l 的交
点 $P\left(\dfrac{25}{26}，-\dfrac{10}{26}\right)$ 即为所求。此时 $|AP|+$

图 2.19

$|PB|=|A'P|+|PB|=|A'B|=10$。此即为所求之最小值。

这两个例题告诉我们，在解解析几何题时，也要注意从几何图
形上来分析问题，也要善于运用平面几何的结果，力求使解法简捷。

让我们再看一个例子。

例 2.8　考虑在同一平面上具有
相同圆心、半径分别为 R 与 $r(R>r)$
的两个圆（如图 2.20）。设 P 是小圆
周上的一个固定点，B 是大圆周上的
一个变动的点。直线 BP 与大圆相交
于另一点 C。通过点 P 且与 BP 垂直
的直线 l 与小圆周相交于另一点 A（如
果 l 与小圆相切于 P，则 $A=P$）。

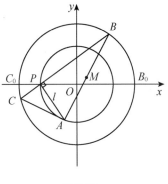

图 2.20

(i) 求表达式 $|BC|^2+|CA|^2+|AB|^2$ 所取值的集合；

(ii) 求线段 AB 中点的轨迹。

（第 29 届国际数学奥林匹克试题第 5 题）

分析与解　这是一个关于直线和圆的题，我们充分利用平面

几何的知识来进行分析。

由 AP(即 l)$\perp BC$ 得

$$|AB|^2 = |AP|^2 + |BP|^2, \tag{1}$$

$$|CA|^2 = |AP|^2 + |CP|^2. \tag{2}$$

由 $|BC| = |BP| + |CP|$ 得

$$|BC|^2 = |BP|^2 + |CP|^2 + 2|BP| \cdot |CP|. \tag{3}$$

设 $B_0 C_0$ 是过点 P 的直径,由圆幂定理得 $|BP| \cdot |CP| = |B_0 P| \cdot |C_0 P|$,而 $|B_0 P| = R + r$,$|C_0 P| = R - r$,因此有

$$BP \cdot CP = R^2 - r^2. \tag{4}$$

由(1)~(4)得

$$|AB|^2 + |CA|^2 + |BC|^2 = 2|AP|^2 + 2|BC|^2 - 2(R^2 - r^2). \tag{5}$$

因此要求 $|AB|^2 + |BC|^2 + |CA|^2$ 的值,只需再求出 $|AP|$ 及 $|BC|$ 的值即可,即分别在两个定圆内求过定点 P 的弦长,这是一个常见的解析几何题。

取圆心 O 为坐标原点,使定点 P 在 x 轴的负半轴上,建立平面直角坐标系(如图 2.20)。于是大圆的方程为 $x^2 + y^2 = R^2$,小圆的方程为 $x^2 + y^2 = r^2$,点 P 的坐标为 $(-r, 0)$。设过点 P 的动直线 t 的方程为

$$y = k(x + r),$$

于是过点 P 垂直于 t 的直线 l 的方程为

$$y = -\frac{1}{k}(x + r).$$

直线 t 与大圆交于 B,C,求弦 BC 的长。

设 B,C 的坐标分别为 (x_1, y_1) 及 (x_2, y_2),满足

$$\begin{cases} y = k(x + r), \tag{6} \\ x^2 + y^2 = R^2. \tag{7} \end{cases}$$

（6）代入（7）得

$$(1+k^2)x^2+2k^2rx+k^2r^2-R^2=0。$$

由根与系数的关系得

$$x_1+x_2=-\frac{2k^2r}{1+k^2}, \quad x_1x_2=\frac{k^2r^2-R^2}{1+k^2}。$$

于是 $|BC|^2=(x_1-x_2)^2+(y_1-y_2)^2=(x_1-x_2)^2+k^2(x_1-x_2)^2$

$$=(1+k^2)(x_1-x_2)^2,$$

而 $\quad (x_1-x_2)^2=(x_1+x_2)^2-4x_1x_2$

$$=\left(-\frac{2k^2r}{1+k^2}\right)^2-4\frac{k^2r^2-R^2}{1+k^2}=\frac{4R^2+4k^2R^2-4k^2r^2}{(1+k^2)^2},$$

于是 $\quad\quad\quad |BC|^2=\frac{4R^2+4k^2(R^2-r^2)}{1+k^2}。$ （8）

　　直线 l 交小圆于 P，A，经过完全类似的推导可得$\Big($只需在式

（8）右端将 R 换成 r，将 k 换成 $-\dfrac{1}{k}\Big)$：

$$|AP|^2=\frac{4r^2+4\left(-\frac{1}{k}\right)^2(r^2-r^2)}{1+\left(\frac{-1}{k}\right)^2}=\frac{4k^2r^2}{1+k^2}。$$ （9）

将（8）（9）代入（5）得

$$|AB|^2+|BC|^2+|CA|^2$$

$$=2\cdot\frac{4k^2r^2}{1+k^2}+2\cdot\frac{4R^2+4k^2(R^2-r^2)}{1+k^2}-2(R^2-r^2)=6R^2+2r^2。$$

　　当 k 不存在时，直线 t 平行于 y 轴（如图2.21），方程为 $x=-r$。于是有 $B(-r,\ \sqrt{R^2-r^2})$，$C(-r,\ -\sqrt{R^2-r^2})$，所以 $|BC|^2=4(R^2-r^2)$。此时直线 l 即为 x 轴，于是有 $A(r,\ 0)$，$|AB|^2=3r^2+R^2$，$|AC|^2=3r^2+R^2$。所以

$$|AB|^2+|BC|^2+|CA|^2=3r^2+R^2+4(R^2-r^2)+3r^2+R^2=6R^2+2r^2,$$

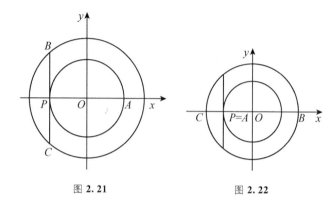

图 2.21   图 2.22

当 $k=0$ 时，直线 t 即为 x 轴（如图 2.22）。于是有 $B(R, 0)$，$C(-R, 0)$。此时直线 l 平行于 y 轴，与小圆相切于 P，$A=P$，于是有 $A(-r, 0)$。所以

$$|AB|^2+|BC|^2+|CA|^2=(R+r)^2+4R^2+(R-r)^2=6R^2+2r^2.$$

因此，当点 B 在大圆上变动时，$AB^2+BC^2+CA^2$ 所取值的集合为 $\{6R^2+2r^2\}$。①

本题的第(ii)部分可仿照例 2.2 用解析法解之，留给读者作为练习。

习题 4

1. 试分析托勒密定理（见例 2.4）的综合法证明中的辅助线（见图 2.15）是怎样想出来的？

2. 完全用解析法再解例 2.6，并与本书所给出的例 2.6 的解法进行比较。

3. 解例 2.8(ii)。

---

① 山东鄄城县一中高三曹章同学于 1999 年 5 月 9 日给笔者来信，信中给出了本例第(i)问的完全用平面几何方法的解法，在图中添加了合适的辅助线（在图 2.20 中，分别连接圆心 O 和 BC 及 BA 的中点）进行推导，从而避免了本书上述解法中较为繁复的计算。

§2.3　三等分角问题——希腊几何三大问题不能用尺规作图的证明

多少年前，在一个为中学生办的电视节目中，时任中国科学院数学研究所所长的杨乐说，数学所的专家们经常收到一些中学生来信，声称自己解决了用直尺和圆规三等分任意角这个世界难题，要求专家们审阅他们的解法。杨乐告诉大家，这个历时两千多年使无数数学家绞尽脑汁的问题，已经证明是不可能作出的。因此他告诫对数学有兴趣的年轻人，不要再在这个问题上白白浪费自己宝贵的时间和精力了。

其实这种情况不仅在年轻人中间有，某些成年人也热衷于此。北京一些高校的数学系就经常收到这样的来信，甚至有人从外地远道而来，登门求见，称自己解决了这个难题，要求审定。

除"三等分任意角"这个问题外，还有两个问题：

"化圆为方"——求作一个正方形，使其面积等于一已知圆的面积；

"倍立方"——求作一个立方体，使其体积为一已知立方体的2倍。

这三个问题统称为希腊几何的三大问题。从古希腊时（大约公元前5世纪）起，就有人研究它们，一直未能解决。古希腊人对几何作图的要求是极其严格的，他们认为作图用的工具越少越简单，作出的图形才能越接近理想图形。他们规定，作图工具只能使用没有刻度的直尺及圆规，而且直尺只能用来过两个已知点作直线，以及任意延长一条已知直线（注意　因为直尺上无刻度，所以不能用来量长度），圆规只能用来以已知点为圆心、该点和另一已知点的距离为半径作圆，且直尺和圆规只能使用有限次。上述规定被欧几里得总结在他的《几何原本》里，后人便把符合这些规定的作图法称为"欧氏作图法"或"尺规作图法"。根据欧氏作图法，我们用直尺和圆规可以作直线和圆，在直线和圆上任意取点，除此之外只能作出下面三种点：

(1)直线与直线的交点；

(2)直线与圆的交点；

(3)圆与圆的交点。

应用欧氏作图法，可以解决许许多多作图题，例如平分已知线段，三等分已知线段，平分已知角，已知边长作正方形，等等，都很容易作出。古希腊人深信，不论多么复杂的图形，都能用尺规作出，然而对于上述三个看起来似乎很简单的问题，在长达两千多年的时间里，吸引了众多的数学家为之绞尽脑汁，却始终未能解决，成为举世公认的三大难题。究其困难所在，完全是由于古希腊人对于尺规作图的限制过于苛刻。

直到 17 世纪解析几何创立以后，人们才对什么样的问题能用欧氏作图法作出，什么样的问题不能用此法作出，找到了一个判别准则。到了 19 世纪，数学家们终于证明，古希腊几何作图的三大问题都是不能用欧氏作图法作出的，从而彻底解决了这个流传两千多年的世界难题。

如何从解析几何得到欧氏作图可能性的判别准则呢？

我们先来研究什么样的问题能用欧氏作图法作出。用尺规可作直线和圆以及直线与直线、直线与圆、圆与圆的交点。在坐标平面上，点由其坐标确定，而坐标又由两个长度决定，于是由已知点求作新点，实际是由已知长度求作新的长度。那么什么样的新长度能由已知长度用欧氏作图法作出呢？我们知道，两个已知长度的和、差、积、商及一个已知长度的平方根都可以用欧氏作图法作出，即已知长度 a 及 b，则 $a+b$，$a-b$，ab，$\dfrac{a}{b}$ 及 $\sqrt{a}$ 都可作出(参见图 2.5 及图 2.6)。于是我们得到：凡是由已知长度通过有限次加、减、乘、除及开平方算出的长度，都可以用欧氏作图法作出。

这样，若已知单位长度 1，我们能作出哪些长度呢？用加法可以由 1 得到 $2=1+1$，$3=1+2$，$\cdots$，即可得到任何正整数；由正整数用减法便可以得到 $0=1-1$，$-1=0-1$，$-2=(-1)-1$，$\cdots$，即可以得到零及任何负整数；再用乘法和除法便可以得到任何分数。所以由 1 用加、减、乘、除可以得到所有的有理数。如果再加上开平方运算，便可以得到形如 $\sqrt{2}$，$\sqrt{2+\sqrt{3}}$，$7+\dfrac{6-8\sqrt{3}}{\sqrt{5}+\sqrt{17+\dfrac{1}{\sqrt{11}}}}$

之类的数。总之，只要一个线段的长度是有理数或其平方根或者能由它们再经过有限次加、减、乘、除及开平方得到，那么它就能由单位长度用欧氏作图法作出。

若将上述可用欧氏作图法作图的准则中的长度改成坐标，则上述准则可改写为：若一个新点的坐标能由已知点的坐标经过有限次加、减、乘、除及开平方算出，则该点必可由已知点用欧氏作图法作出。

这个准则只回答了哪些点能用欧氏作图法作出，并没有回答哪些点不能用欧氏作图法作出，也就是说，并没有回答能用欧氏作图法作出的点必须具备什么条件。下面我们就来研究这个问题。

首先，我们借助解析几何，把欧氏作图法的基本步骤用代数表示出来(见表 2.1)。

表 2.1

欧氏作图	代数表示
1. 过两个已知点 P_1，P_2 可作直线 l	1. 已知$(x_1，y_1)$，$(x_2，y_2)$可得二元一次方程 $$ax+by+c=0,\qquad(1)$$ 使 $$ax_1+by_1+c=0,$$ $$ax_2+by_2+c=0$$
2. 任意延长已知直线 l	2. 方程(1)中的 x，y 取值不受任何限制
3. 以已知点 P 为圆心，P 与另一已知点 Q 的距离为半径作圆	3. 已知$(x_3，y_3)$，$(x_4，y_4)$，可得二元二次方程$(x-x_3)^2+(y-y_3)^2=$ $$(x_4-x_3)^2+(y_4-y_3)^2,\qquad(2)$$ 或 $x^2+y^2+dx+ey+f=0$　　(2')

表 2.1 中方程(1)的系数 a，b，c 之比为

$$a:b:c=(y_1-y_2):(x_2-x_1):(x_1y_2-x_2y_1),$$

这可由已知数 x_1，y_1，x_2，y_2 通过加、减、乘、除算出。方程(2')的系数 d，e，f 为

$$d=-2x_3,\ e=-2y_3,\ f=x_4(2x_3-x_4)+y_4(2y_3-y_4),$$

也可以由已知数 x_3，y_3，x_4，y_4 经过加、减、乘、除算出。

利用直尺和圆规可以作出三种新点，再把这些步骤翻译成代数表示(见表 2.2)。表 2.2 中的方程组(3)由两个二元一次方程组成，代数知识告诉我们，它的根可以由这两个一次方程的系数 a_1，b_1，c_1 及 a_2，b_2，c_2 通过加、减、乘、除算出。方程组(4)由一个二元一次方程和一个二元二次方程组成，它的根可由这两个方程

表 2.2

欧氏作图	代数表示	
1. 直线和直线的交点	1. $\begin{cases} a_1 x + b_1 y + c_1 = 0, \\ a_2 x + b_2 y + c_2 = 0 \end{cases}$	(3)
2. 直线和圆的交点	2. $\begin{cases} a_3 x + b_3 y + c_3 = 0, \\ x^2 + y^2 + d_1 x + e_1 y + f_1 = 0 \end{cases}$	(4)
3. 圆和圆的交点	3. $\begin{cases} x^2 + y^2 + d_2 x + e_2 y + f_2 = 0, \\ x^2 + y^2 + d_3 x + e_3 y + f_3 = 0 \end{cases}$	(5)

的系数 a_3，b_3，c_3 及 d_1，e_1，f_1 通过加、减、乘、除及开平方算出。方程组(5)由两个二元二次方程组成，同样它的根可由这两个二次方程的系数 d_2，e_2，f_2 及 d_3，e_3，f_3 通过加、减、乘、除及开平方算出。总之，表 2.2 中三种联立方程组的根，都可以由各方程组中方程的系数通过加、减、乘、除及开平方算出。而由表 2.1 的说明我们又知道，上列二元一次方程和二元二次方程的系数 a，b，c 及 d，e，f 都可以由已知点 P_1，P_2 及 P，Q 的坐标 $(x_1$，$y_1)$，$(x_2$，$y_2)$ 及 $(x_3$，$y_3)$，$(x_4$，$y_4)$ 通过加、减、乘、除算出。由于表 2.2 中三种联立方程组的根就是用欧氏作图法可作的三种新点的坐标，因此，这三种新点的坐标，都可以由已知点的坐标通过加、减、乘、除及开平方算出。于是我们得到如下重要结论：

凡是由已知点用欧氏作图法能作出的新点的坐标，都可以由已知点的坐标，通过有限次加、减、乘、除及开平方算出。这也就是说，如果一个点的坐标，不能由已知点的坐标通过有限次加、减、乘、除及开平方算出，那么它就不能由已知点用欧氏作图法作出。

我们知道，平面上点的坐标由两个量（横坐标和纵坐标）组成，它是由两个长度决定的。因此上面的结论又可以改写为：

由已知长度用欧氏作图法能作出的新长度，都可以由已知的长度经过有限次加、减、乘、除及开平方算出。这也就是说，如果一个长度不能由已知长度经过有限次加、减、乘、除及开平方算出，那么它就不能用欧氏作图法作出。

现在我们既有了判别"能用欧氏作图法作出"的准则，又有了判别"不能用欧氏作图法作出"的准则，将二者合起来，就得到欧氏作图可能性的判别准则：

一个新的长度能用欧氏作图法作出，当且仅当它能由已知长度经过有限次加、减、乘、除及开平方运算得到。

或者说，

一个新点能用欧氏作图法作出，当且仅当它的坐标能由已知点的坐标经过有限次加、减、乘、除和开平方运算得到。

现在我们就用上述准则来判别古希腊几何的三大问题是否可用欧氏作图法作出。

先看倍立方问题：已知一个立方体，求作另一个立方体，使其体积是已知立方体的 2 倍。关于这个问题的起源，有一个古老的传说。相传古代鼠疫袭击爱琴海上的一个小岛——提洛岛，一个预言者说他得到神的谕示：若将立方体的阿波罗祭坛体积加倍，则瘟疫便能停息。一个工匠将祭坛的各边加倍，结果加大后的祭坛体积是原来的 8 倍，不符合神的旨意，神大怒，因此瘟疫更加猖獗。希腊人带着这个"提洛问题"去请教当时的哲学家兼数学家柏拉图，柏拉图说：神真正的意图是想使希腊人为忽视几何学而感到羞愧。

现在我们应用欧氏作图可能性的判别准则来考察倍立方问题。

为了简便，我们不妨设已知立方体的一边之长为 1，则已知立方体
的体积为 $1^3 = 1$，而求作的立方体的体积就是 $2 \times 1 = 2$，它的一边
之长就应为 $\sqrt[3]{2}$。然而，由 1 经过有限次加、减、乘、除及开平方
运算得不到 $\sqrt[3]{2}$，因此根据判别准则，$\sqrt[3]{2}$ 不能用欧氏作图法作出，
所以倍立方问题不能用欧氏作图法解决。

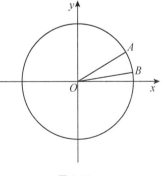

图 2.23

三等分角问题，即将任意角三等分。我们先来看一个 30° 的
角，如果连这个特殊的角都不能三等分，那么任意角的三等分就
更不可能了。

如图 2.24 所示，设 $\angle xOA = 30°$，$|OA| = 1$，A 的坐标为 $(\cos 30°, \sin 30°)$，即 $\left(\dfrac{\sqrt{3}}{2}, \dfrac{1}{2} \right)$。设 OB 是 $\angle xOA$ 的三等分线，B 也在以 O 为圆心的单位圆上，$\angle xOB = 10°$，设 B 的坐标为 (x, y)，则有 $x = \cos 10°$，$y = \sin 10°$。根据判别准则，能否用欧

图 2.24

氏作图法作出点 B，就看能否由 $\dfrac{\sqrt{3}}{2}$ 及 $\dfrac{1}{2}$ 用有限次加、减、乘、除及开平方算出 $\cos 10°$ 及 $\sin 10°$。应用三角公式

$$\sin 3\theta = 3\sin\theta - 4\sin^3\theta,$$

令 $\theta = 10°$，又知 $y = \sin 10°$，所以由上式得

$$\frac{1}{2} = 3y - 4y^3, \tag{1}$$

这是 y 的三次方程，应用三次方程的求根公式①求得它的三个根，其中两个是共轭虚根，唯一的一个实根②是

$$y = \frac{\sqrt[3]{4}}{4}\left(\sqrt[3]{-1+\sqrt{3}\mathrm{i}} + \sqrt[3]{-1-\sqrt{3}\mathrm{i}}\right), \tag{2}$$

式中出现了开三次方的运算 $\sqrt[3]{\ }$。由 $\dfrac{\sqrt{3}}{2}$ 及 $\dfrac{1}{2}$ 经过有限次加、减、乘、除及开平方运算，得不出式（2）中的 y，即得不出 $\sin 10°$，因此点 $B(\cos 10°,\ \sin 10°)$ 不能由已知点 $A\left(\dfrac{\sqrt{3}}{2},\ \dfrac{1}{2}\right)$ 用欧氏作图法作

---

①　三次方程 $x^3 + px + q = 0$ 的三个根为 $x_1 = y+z$，$x_2 = w_1 y + w_2 z$，$x_3 = w_2 y + w_1 z$，此处

$$y = \sqrt[3]{-\frac{q}{2} + \sqrt{\left(\frac{q}{2}\right)^2 + \left(\frac{p}{3}\right)^3}}, \qquad z = \sqrt[3]{-\frac{q}{2} - \sqrt{\left(\frac{q}{2}\right)^2 + \left(\frac{p}{3}\right)^3}},$$

w_1 及 w_2 是 $x^3 - 1 = 0$ 的两个共轭虚根：

$$w_1 = -\frac{1}{2} + \frac{\sqrt{3}}{2}\mathrm{i}, \qquad w_2 = -\frac{1}{2} - \frac{\sqrt{3}}{2}\mathrm{i}。$$

②　令 $z_1 = -1 + \sqrt{3}\mathrm{i}$，$z_2 = -1 - \sqrt{3}\mathrm{i}$，记 $z_1 = r(\cos\theta + \mathrm{i}\sin\theta)$，则 $z_2 = r(\cos\theta - \mathrm{i}\sin\theta)$。于是 $\sqrt[3]{z_1} + \sqrt[3]{z_2} = \sqrt[3]{r}\left(\cos\dfrac{\theta}{3} + \mathrm{i}\sin\dfrac{\theta}{3}\right) + \sqrt[3]{r}\left(\cos\dfrac{\theta}{3} - \mathrm{i}\sin\dfrac{\theta}{3}\right) = 2\sqrt[3]{r}\cos\dfrac{\theta}{3}$ 是一个实数，所以式（2）中的 y 是一个实数。

出，也即不能用欧氏作图法将 30° 的角三等分。既然用欧氏作图法连 30° 的角都不能三等分，那么任意角三等分就更不可能了。

虽然对任意角不能用欧氏作图法将其三等分，但对某些特殊角例如 180° 和 90° 的角，用欧氏作图法还是可以将其三等分的。这留给读者试一试。

万采尔（Wantzel）在 1837 年证明了一般的角不能三等分，立方体也不能加倍。对于化圆为方的问题能否用欧氏作图法作出，还要依赖于人们对 π 的研究。

要作一个与已知圆面积相等的正方形。设圆的半径为 1，则圆的面积为 π，故所求作的正方形的一边长应为 $\sqrt{\pi}$。于是问题变成，能否由 1 经过有限次加、减、乘、除及开平方运算得到 $\sqrt{\pi}$，而这又取决于能否由 1 经过有限次加、减、乘、除及开平方运算得到 π。

我们把任何有理系数的代数方程（多项式方程）的根（不管是实数还是复数）叫作一个代数数，也就是把方程

$$a_0 x^n + a_1 x^{n-1} + a_2 x^{n-2} + \cdots + a_{n-1} x + a_n = 0$$

的根叫作代数数，其中每一个系数 $a_i(i=0, 1, \cdots, n)$ 是有理数。因此，所有的有理数和一部分无理数例如 $\sqrt{2}$，$\sqrt[3]{2}$，… 是代数数，这是因为任一有理数 c 是方程 $x-c=0$ 的根，$\sqrt{2}$ 是方程 $x^2-2=0$ 的根，$\sqrt[3]{2}$ 是方程 $x^3-2=0$ 的根，等等。

不是代数数的数叫作超越数。欧拉说，"它们超越了代数方法的能力"。欧拉至少在 1744 年就已经认识到代数数与超越数之间的这一差别，但当时（18 世纪）人们还不知道 π 是超越数。直到 1873 年埃尔米特（C. Hermite）证明了 e 是超越数以后，1882 年林德曼（F. Von Lindemann）用与埃尔米特实质上没有什么区别的方

法证明了 π 是超越数。

有了代数数这个概念，前面关于欧氏作图法的可能性准则可叙述为：凡是能用欧氏作图法作出的数都是代数数。也就是说，凡是超越数都不能用欧氏作图法作出。由于林德曼证明了 π 是超越数，因此 π 不能用欧氏作图法作出，从而 $\sqrt{\pi}$ 也不能用欧氏作图法作出。

至此我们证明了，古希腊几何三大问题都不可能用欧氏作图法解决。也就是说，如果限制只准使用无刻度的直尺和圆规为工具，那么上述三大问题根本无法解决。

如果我们取消了欧氏作图法这个限制，那么上述三大问题就不再是不能解决的了，实际上，它们都已经被作出了。

1. 关于倍立方的作图

已知立方体的边长为 a，设 2 倍立方体的边长为 x，引进一个辅助未知数 y，使

$$a \colon x = x \colon y = y \colon 2a,$$

通过这个比例式，得到两个关系式

$$x^2 = ay \quad \text{及} \quad y^2 = 2ax,$$

这是两条抛物线，消去 y 即得

$$x^3 = 2a^3 。$$

因此，若能作出这两条抛物线，则它们的交点 M 在 x 轴上的投影 P 所决定的线段 OP 之长即为 2 倍立方体的边长 x（如图 2.25）。用欧氏作图法作不出抛物线，但如果有画抛物线的工具，则倍立方的作图是很简便的。

柏拉图曾利用两个普通的直角尺按图 2.26 的方法完成了倍立方的作图（注意　欧氏作图法是不允许使用直角尺的）。设已知立方体的边长为 a。将两个直角尺的一边对齐，两个直角尺的顶点 A

和D分别放在两条互相垂直的直线p，q上，使$OC=a$，$OB=2a$，则图中的$x=OD$即为所求2倍立方体的边长。证明留给读者。

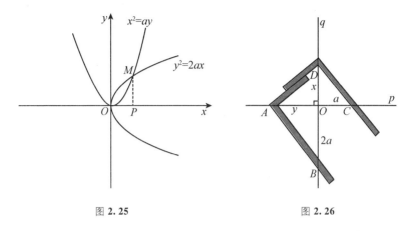

图 2.25　　　　　　　　图 2.26

2. 关于三等分任意角的作图

阿基米德给出的作法如下（如图 2.27）：对于任意给定的角 $\alpha=\angle DOE$，将角的一边 OE 反向延长得到 OF，以角的顶点 O 为圆心，任意长 r 为半径作半圆与角的另一边 OD 交于点 C，在直尺的边缘上标出两点 A 及 B，使 $AB=r$。移动直尺使点 B 保持在半圆上滑动，同时使点 A 在 OF 上滑动，当直尺的边缘恰好通过点 C 时，按直尺的这个位置作一直线，得 $\angle CAE$，则 $\angle CAE$ 即为已知角 α 的 $\dfrac{1}{3}$，即 $\angle CAE=\dfrac{\alpha}{3}$。证明留给读者。

注意　请指出上述作法中什么地方超出了欧氏作图法的限制。

在实际应用中，根本用不着受欧氏作图法的限制。木工师傅用一个半圆形薄铁皮和一个直角尺就能很方便地将任意角三等分。方法如下（如图 2.28）：已知角 $\alpha=\angle AQC$，记直角尺的顶点为 B，将直角尺的一边与半圆片的直径保持在一条直线上，并在该直角

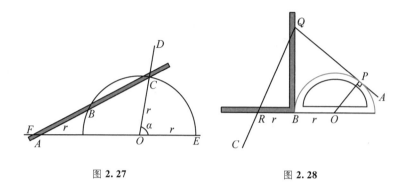

图 2.27   图 2.28

边上标出一点 R，使 BR 等于半圆片的半径 r，并使直角顶点 B 与半圆片直径的一个端点重合。将直角尺和半圆片保持上述关系一起移动，使已知角的一边 AQ 与半圆片相切（切点记为 P），角的另一边 CQ 通过直角尺边缘上的点 R，同时使已知角的顶点 Q 在直角尺的另一边的边缘上，如图 2.28 所示，则 QB 即为 $\angle AQC$ 的一条三等分线，即 $\angle BQC = \dfrac{1}{3} \angle AQC$。证明留给读者。

3. 关于化圆为方的作图

意大利天才的大画家达·芬奇（Leonardo da Vinci, 1452—1519）曾经用一个直圆柱作为工具解决了这个作图题。设已知圆的半径为 r，他用以这个圆为底、高为 $\dfrac{r}{2}$ 的直圆柱面在纸上滚一周，得一矩形，其两边长分别为 $2\pi r$ 及 $\dfrac{r}{2}$（如图 2.29），这个矩形的面积 $2\pi r \cdot \dfrac{r}{2} = \pi r^2$ 就是已知圆的面积。再把这个矩形化成等积的正方形。设所求正方形边长为 x，则 $x^2 = 2\pi r \cdot \dfrac{r}{2}$，即 $2\pi r : x = x : \dfrac{r}{2}$，即 x 是 $2\pi r$ 与 $\dfrac{r}{2}$ 的比例中项。取长为 $2\pi r + \dfrac{r}{2}$ 的线段 CD，A 为 CD

上一点使 $CA=2\pi r$，$AD=\dfrac{r}{2}$。以 CD 为直径作半圆，过点 A 作直径 CD 的垂线交半圆于 B（如图 2.30），则线段 AB 即为所求正方形的一边。

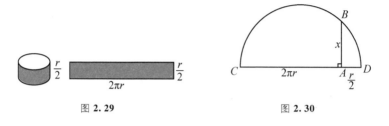

图 2.29   图 2.30

习题 5

1. 用欧氏作图法将 $180°$ 及 $90°$ 的角三等分。

2. 柏拉图利用两个直角尺巧妙地完成了倍立方的作图（如图 2.26），试给出该作法的证明。

3. 试给出阿基米德三等分任意角作图法（如图 2.27）的证明。

4. 图 2.28 给出了木工师傅三等分任意角的方法，请给出证明。

§3. 解题技巧举例

§3.1 轮换及分比

有人认为解析几何方法是一个"死方法"：建立坐标系，将几何条件"翻译"成代数表示，通过代数运算求解，再"翻译"成几何，不像平面几何方法那样需要解题者的聪明和技巧。的确，解析几何方法有普遍通用的操作程序可以遵循，不像平面几何方法那样，几乎每一道题都需要解题者冥思苦想，而这正是解析几何方法的优点。但是，知道怎样解是一回事，能否解出来则是另一回事。有时候解题步骤先做什么后做什么一清二楚，也不见得就一定能把题解出来，原因是代数运算上的困难有时是难以克服的。因此必须通过某种巧妙的途径，以避免遇到或尽可能减少代数上的困难。这就是说，运用解析几何方法解题，同样需要解题者的聪明和技巧。

本章不是关于解析几何解题技巧的全面论述，只是举一些例子说明应用解析几何方法时也要注意技巧，消除某些人认为解析几何方法"特死板"的误解，从而增加对解析几何方法的兴趣。

3.1.1 坐标系的建立要便于轮换

如果一个问题的已知条件和结论中的各项，包括诸元素(点与直线)及其相互关系，其地位都是平等的，那么选择合适的坐标系，运用轮换技巧，可以大大减少解题过程中演算的工作量，收到事半功倍的效果。

"地位平等"是什么意思？什么样的坐标系才适合轮换？怎样轮换？请看下面的例题。

例 3.1　已知△ABC 三边 BC，CA，AB 上的高线分别为 AD，BE，CF，求证直线 AD，BE，CF 共点（如图 3.1）。

本题中△ABC 的三个顶点、三条边及三条高线，在问题中处于完全同等的地位，即把任意两个顶点互换，或三个顶点轮换，原问题不发生改变，在这个意义上，我们就说在该问题中三个顶点地位平等。注意到这种平等性，我们就可以用同样的方式来处理处于平等地位的东西。为了做到这一点，我们

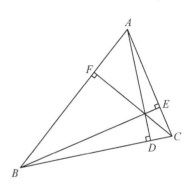

图 3.1

在建立坐标系时，就要留心保持这种平等性，而不要轻易地破坏它。

坐标系 1　以 D 为原点，BC 和 AD 所在直线分别为 x 轴和 y 轴，建立平面直角坐标系（如图 3.2），设 $A(0, a)$，$B(b, 0)$，$C(c, 0)$。在这个坐标系中，B 和 C 是平等的，顶点 B，C 互换，相当于横坐标 b，c 互换。由 AC 的斜率为 $-\dfrac{a}{c}$ 得高 BE 的方程为

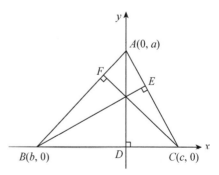

图 3.2

$$y=\frac{c}{a}(x-b)。 \tag{1}$$

要得到高线 CF 的方程，不需要再一步步计算，只需将(1)中的 b 换成 c，c 换成 b(b，c 互换，或称 b，c 轮换)，即可得 CF 的方程

$$y=\frac{b}{a}(x-c)。 \tag{2}$$

再由(1)(2)解得 $x=0$，说明 BE 与 CF 的交点在 y 轴(即 AD)上。

上述将 BE 的方程(1)中的 b，c 互换即可得 CF 的方程(2)，其理论根据是由于在图 3.2 的坐标系中，顶点 B 和 C 的地位是平等的。我们运用与推导 BE 相同的步骤和方法导出 CF 的方程，而推导 CF 每一步所得的结果，就相当于在推导 BE 时同一步所得结果中将 b，c 互换。例如 AB 的斜率为 $-\frac{a}{b}$，就相当于在 AC 的斜率 $-\frac{a}{c}$ 中将 c 换成 b。CF 的方程 $y=\frac{b}{a}(x-c)$ 就相当于在 BE 的方程 $y=\frac{c}{a}(x-b)$ 中将 b，c 互换。

注意　在上述坐标系 1 中，只有 B 和 C 是平等的，B 和 A 不平等，因此不能由 BE 的方程经过轮换直接得到 AD 的方程。

坐标系 2　以 B 为原点，直线 BC 为 x 轴建立平面直角坐标系(如图 3.3)。设 $A(a_1, a_2)$，$C(c, 0)$。这时 A，B，C 三点关于这个坐标系地位都不平等，因此在导出 BE 的方程之后，不能

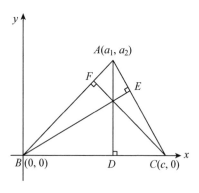

图 3.3

由轮换直接得到 CF 的方程，而需要重新一步步推导。

　　这个坐标系的优点是使一个顶点在原点，一条边在坐标轴上，使已知点的坐标中尽可能多地出现零，会给运算带来某些方便，缺点是破坏了平等性，因而失去了应用轮换的机会。

　　坐标系 3　任意取定一个平面直角坐标系，使坐标轴不经过任一个顶点（如图 3.4）。设 $A(x_A, y_A)$，$B(x_B, y_B)$，$C(x_C, y_C)$。在这个坐标系中，A，B，C 三点的地位都是平等的，因此在求出 BE 的方程之后，经过轮换可得 CF 的方程，不仅如此，而且还可由轮换得到

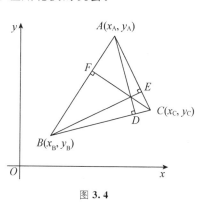

图 **3.4**

AD 的方程。这个坐标系的缺点是它的位置太一般了，从而使得 BE 的方程相当复杂。虽然顾及了平等性，但却牺牲了由坐标系的特殊位置给运算带来的方便。

　　下面我们设法将上述一般位置的坐标系加以改进，使之既顾及平等性，又具有某种特殊位置。

　　坐标系 4　以两条高线 BE 和 CF 的交点 O 为原点建立平面直角坐标系，使坐标轴不经过任一个顶点（如图 3.5）。设 $A(x_A, y_A)$，$B(x_B, y_B)$，$C(x_C, y_C)$。

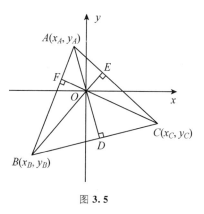

图 **3.5**

要证 AD 也通过点 O，只需证明 $AO\perp BC$ 即可。

由 $BO\perp CA$ 得斜率 $k_{BO}=-\dfrac{1}{k_{CA}}$，故 $\dfrac{y_B}{x_B}=-\dfrac{x_C-x_A}{y_C-y_A}$，即

$y_B(y_C-y_A)+x_B(x_C-x_A)=0$，整理得

$$x_Ax_B+y_Ay_B=x_Bx_C+y_By_C。\tag{3}$$

同理由 $CO\perp AB$ 得（将 (3) 中各字母的脚码 A，B，C 轮换，即 A 换成 B，B 换成 C，C 换成 A）

$$x_Bx_C+y_By_C=x_Cx_A+y_Cy_A。\tag{4}$$

由 (3)(4) 得

$$x_Ax_B+y_Ay_B=x_Cx_A+y_Cy_A。\tag{5}$$

而 (5) 说明 $AO\perp BC$。

上述四种坐标系的比较：

坐标系 1 具有特殊位置，又使 B 和 C 保持地位平等，能应用轮换技巧，计算很简便。

坐标系 2 只顾及特殊位置会使运算方便，但由于破坏了平等性因而不能应用轮换技巧。可见使坐标系具有特殊位置并非选系的唯一标准。

坐标系 3 与坐标系 2 正好相反，只顾及使三个顶点完全平等而选取了最一般的位置，因而使运算相当复杂，虽然可以轮换亦不足取。

坐标系 4 是坐标系 3 的改进，既顾及使三个顶点地位平等，因而可以应用轮换技巧，又使坐标系具有某种特殊位置，运算较坐标系 3 简单些。

从上述比较看来，坐标系 1 和坐标系 4 对本题比较合适。总之，一般情况下，坐标系的选择，既要保持所需要的平等地位，又要尽可能具有特殊位置。

所谓两个点在一个问题中"地位平等"，是指将这两点互换，原来的问题不会改变。"地位平等"也称为"对称"，不过这里所说的"对称"是广义的，不专指几何图形中的对称。例如在表达式

$$xy + yz + zx$$

中，三个字母 x，y，z 中的任意两个字母互换，表达式不发生改变，因此我们说在该式中，x，y，z 的地位是平等的，或说它们是对称的。注意到问题中具有平等地位的部分，会给我们带来某些方便。数学中常用的一个原则，就是尽可能用同样的方式来处理问题中处于平等地位的部分。这就要求我们在处理问题时，不要轻易地破坏这种平等性。用解析几何方法处理问题时，则要求问题中处于平等地位的两点在所建立的坐标系中仍然保持平等地位。所谓两点在坐标系中地位是平等的，是指这两点的坐标具有相同的形式，可以互换。例如例 3.1 中的坐标系 1（如图 3.2）中的 $B(b, 0)$ 和 $C(c, 0)$ 两点，它们的坐标有相同的表示形式，因而是平等的，b 和 c 可以互换；而点 $A(0, a)$ 与 $B(b, 0)$ 的坐标表示形式不同，它们就不是平等的，故 a，b 不能互换。坐标系 2（如图 3.3）中的三点 $A(a_1, a_2)$，$B(0, 0)$，$C(c, 0)$，因为它们的坐标的表示形式全不相同，所以它们的地位都不平等。坐标系 3 和坐标系 4（如图 3.4，图 3.5）中的三点 $A(x_A, y_A)$，$B(x_B, y_B)$，$C(x_C, y_C)$，坐标的表示形式完全相同，因此这三点在各自的坐标系中地位平等。当在坐标系中两点地位平等时，对于其中一点推导出用其坐标表示的某个事项的代数表示式后，则在该式中将该点的坐标换成与之平等的另一点的坐标，即可得对于另一点的相应事项的代数表示式，而不必重新推导，这就是解析几何中的轮换技巧。

例 3.2　如图 3.6 所示，已知 H 是 $\triangle ABC$ 的垂心，P 是任意

一点，$HL \perp PA$，交 PA 于 L，交 BC 于 X；$HM \perp PB$，交 PB 于 M，交 CA 于 Y；$HN \perp PC$，交 PC 于 N，交 AB 于 Z。求证 X，Y，Z 三点共线。

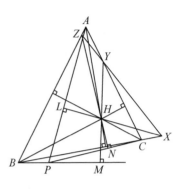

图 **3.6**

分析　在本题中，A，B，C 三点的地位是平等的，又注意到很多直线都通过垂心 H，为了保持 A，B，C 三点的平等地位，又使运算简便，我们选取 H 为原点建立平面直角坐标系。

证　以垂心 H 为原点建立平面直角坐标系，使坐标轴不经过 A，B，C，P。设 $A(x_A, y_A)$，$B(x_B, y_B)$，$C(x_C, y_C)$，$P(x_P, y_P)$。

由 $HL \perp PA$ 及 PA 的斜率 $k_{PA} = \dfrac{y_P - y_A}{x_P - x_A}$，得 HL 的方程为

$$y = -\frac{x_P - x_A}{y_P - y_A} x,$$

即

$$(x_P - x_A)x + (y_P - y_A)y = 0。 \tag{1}$$

由 $BC \perp HA$ 及 HA 的斜率 $k_{HA} = \dfrac{y_A}{x_A}$，得 BC 的方程为

$$y - y_B = -\frac{x_A}{y_A}(x - x_B),$$

即

$$x_A(x - x_B) + y_A(y - y_B) = 0。 \tag{2}$$

已知 HL 与 BC 交于 X，所以(1)+(2)得

$$x_P x + y_P y = x_A x_B + y_A y_B, \tag{3}$$

表示过 X 的一条直线。完全类似，可得(将(3)中各字母的脚码 A，B，C 轮换)

$$x_P x + y_P y = x_B x_C + y_B y_C,\qquad(4)$$

表示过 HM 与 CA 交点 Y 的一条直线。类似可得（再将（4）中各字母的脚码 A，B，C 轮换）

$$x_P x + y_P y = x_C x_A + y_C y_A,\qquad(5)$$

表示过 HN 与 AB 交点 Z 的一条直线。

另一方面，由 $BC \perp HA$ 得 BC 的斜率 $k_{BC} = -\dfrac{1}{k_{HA}}$，即 $\dfrac{y_B - y_C}{x_B - x_C} = -\dfrac{x_A}{y_A}$，于是有

$$x_A x_B + y_A y_B = x_C x_A + y_C y_A。\qquad(6)$$

完全类似，由 $CA \perp HB$ 有（将（6）中字母的脚码 A，B，C 轮换）

$$x_B x_C + y_B y_C = x_A x_B + y_A y_B。\qquad(7)$$

由（6）（7）得

$$x_A x_B + y_A y_B = x_B x_C + y_B y_C = x_C x_A + y_C y_A。\qquad(8)$$

由（8）可知，（3）（4）（5）表示同一条直线，也就是过 X 的直线，同时也过 Y 和 Z，即 X，Y，Z 三点共线。

注　上述证明中，除运用了"轮换"技巧外，还用了"直线束"。

已知直线 l_1：$a_1 x + b_1 y + c_1 = 0$ 及 l_2：$a_2 x + b_2 y + c_2 = 0$，则对于任意不全为零的实数 λ，μ，方程

$$\lambda(a_1 x + b_1 y + c_1) + \mu(a_2 x + b_2 y + c_2) = 0\qquad(9)$$

表示过 l_1 过 l_2 交点的直线。当 λ，μ 取遍所有可能的值时，（9）表示过 l_1 与 l_2 交点的所有直线，它们组成一个直线束。特别地，当 $\lambda = 1$，$\mu = 0$ 时，（9）即直线 l_1，当 $\lambda = 0$，$\mu = 1$ 时，（9）即直线 l_2。反过来，凡是通过 l_1 与 l_2 交点的直线，其方程皆可表示成（9）的形式。我们称（9）为过 l_1 与 l_2 交点的直线束的方程。

用直线束方程的好处在于可以避免求 l_1 与 l_2 交点的坐标，这

也是解题的技巧之一。在本题中，若要解出 HA 与 BC 交点 X 的坐标，需将方程(1)(2)联立求解，计算复杂，还需计算出 Y 和 Z 的坐标，再证 X，Y，Z 三点共线，肯定很费事。在上述证明中，我们巧妙地运用了直线束，从而避免了求交点证共线的麻烦。至于证明中我们选择(1)＋(2)这条过直线(1)与(2)交点 X 的直线，则完全是"凑"出来的(有兴趣的读者，不妨自己尝试凑一凑)。

例 3.3　证明：$\triangle ABC$ 的重心 G，外心 O，垂心 H 三点共线(称为欧拉线)，且 $OG \colon GH = 1 \colon 2$(如图 3.7)

分析　A，B，C 三点在本题中地位平等，因此在建立的坐标系中应保持这种平等地位，以便进行轮换。又 O，G，H 三个定点中取哪一个为原点更好一些呢？取外接圆圆心 O 为原点时，三个顶点同在外接圆上，它们的坐标中可以只含一个参数，会给运算带来方便。

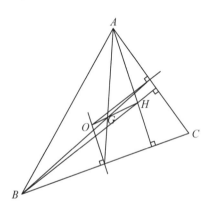

图 3.7

证　以外心 O 为原点建立平面直角坐标系。设外接圆的方程为 $x^2 + y^2 = 1$，$A(\cos \alpha，\sin \alpha)$，$B(\cos \beta，\sin \beta)$，$C(\cos \gamma，\sin \gamma)$，于是根据定比分点公式有

$$G\left(\frac{1}{3}(\cos \alpha + \cos \beta + \cos \gamma)，\frac{1}{3}(\sin \alpha + \sin \beta + \sin \gamma)\right).$$

在 OG 的延长线上取一点 H'，使 $OG \colon GH' = 1 \colon 2$，只需证明 H' 与垂心 H 重合，本题即得证。

先计算 H' 的坐标 $(x_{H'}，y_{H'})$，由 $GH' \colon H'O = 2 \colon (-3)$ 得

$$x_{H'} = \cos \alpha + \cos \beta + \cos \gamma，\quad y_{H'} = \sin \alpha + \sin \beta + \sin \gamma.$$

要证 H' 与垂心 H 重合，只需证明 H' 是三条高线的交点即可。为此我们来证明 H' 在三条高线上。计算 AH' 及 BC 的斜率：$k_{AH'} = \dfrac{\cos\beta+\cos\gamma}{\sin\beta+\sin\gamma}$，$k_{BC} = \dfrac{\cos\beta-\cos\gamma}{\sin\beta-\sin\gamma}$，于是有

$$k_{AH'} \cdot k_{BC} = \frac{(\cos\beta+\cos\gamma)(\cos\beta-\cos\gamma)}{(\sin\beta+\sin\gamma)(\sin\beta-\sin\gamma)} = -1,$$

说明 $AH'\perp BC$，即 H' 在 BC 边的高线上。同理可得 $BH'\perp CA$ 及 $CH'\perp AB$，即 H' 也在 CA 边及 AB 边的高线上，亦即 H' 是三条高线的交点，故 H' 与垂心 H 重合。

　　请读者考虑一下，上述解法中，为什么选取外心为坐标原点？上述解法中，什么地方应用了轮换技巧？是如何轮换的？

　　注　在上述证明中，除运用了轮换技巧外，还用了"同一法"。要证明 H 与 O，G 共线且 $OG：GH=1：2$，因为直接计算垂心 H 的坐标比较复杂，而上述两个条件只能确定唯一一点 H，因此想到先设出满足这两个条件的点 H'，然后再证明它就是垂心 H，这就是同一法。同一法是间接证法中的一种比较特殊的证法，当要证明某个图形具有某种特性，而又不易直接证明时，往往使用此法。具体做法是，先作出一个具有所说特性的图形，然后证明所作图形与题设图形原来就是一个东西。

　　例 3.4　试证：三角形三边的中点，三条高线的垂足，垂心与三个顶点连线的中点，这九个点共圆（称为三角形的九点圆）。

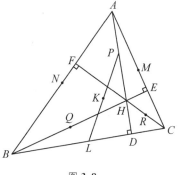

图 3.8

如图 3.8 所示，已知 $\triangle ABC$ 三边的中点 L，M，N，三条高线的垂足 D，E，F，垂心 H 与 A，B，C 连线的中点 P，Q，R，求证：L，M，N，D，E，F，P，Q，R 九点共圆。

证   以 $\triangle ABC$ 的外接圆圆心 O 为原点建立平面直角坐标系，于是外接圆的方程可设为 $x^2 + y^2 = 1$，$A(\cos \alpha, \sin \alpha)$，$B(\cos \beta, \sin \beta)$，$C(\cos \gamma, \sin \gamma)$ 由例 3.3 知垂心 H 的坐标为

$$H(\cos \alpha + \cos \beta + \cos \gamma, \sin \alpha + \sin \beta + \sin \gamma),$$

AH 的中点 P 的坐标为

$$P\left(\cos \alpha + \frac{\cos \beta + \cos \gamma}{2}, \sin \alpha + \frac{\sin \beta + \sin \gamma}{2}\right),$$

BC 的中点 L 的坐标为

$$L\left(\frac{\cos \beta + \cos \gamma}{2}, \frac{\sin \beta + \sin \gamma}{2}\right),$$

于是 PL 的中点 K 的坐标为

$$K\left(\frac{1}{2}(\cos \alpha + \cos \beta + \cos \gamma), \frac{1}{2}(\sin \alpha + \sin \beta + \sin \gamma)\right),$$

且

$$|KL| = \sqrt{\left(\frac{1}{2}\cos \alpha\right)^2 + \left(\frac{1}{2}\sin \alpha\right)^2} = \frac{1}{2}。$$

对于 BH 和 CH 的中点 Q 和 R，CA 和 AB 的中点 M 和 N，经过完全同样的计算可得 QM 与 RN 的中点也是 K，且 $|KM| = |KN| = \frac{1}{2}$。于是可知 P，Q，R，L，M，N 皆在以 K 为圆心、$\frac{1}{2}$ 为半径的圆上，且 PL，QM，RN 都是该圆的直径。

又因为 $AD \perp BC$，即 $PD \perp LD$，$\angle PDL = 90°$，所以 D 在以 PL 为直径的圆上，即 D 在上述圆上。同理，E，F 也在上述圆

上。所以，P，Q，R，L，M，N，D，E，F 九点共圆。

把例 3.4 与例 3.3 结合起来可得下列结论：三角形的九点圆的圆心在欧拉线上，即 $\triangle ABC$ 的九点圆的圆心 K 与外心 O，垂心 H 及重心 G 四点共线，且 $OG:OK:OH=2:3:6$（如图 3.9）。

例 3.5　塞瓦（Ceva）定理

设 P，Q，R 分别是 $\triangle ABC$ 三边 BC，CA，AB 或其延长线上的点，则 AP，BQ，CR 三线共点的充要条件是

$$\frac{BP}{PC}\cdot\frac{CQ}{QA}\cdot\frac{AR}{RB}=1.$$

分析　采用证明第三条直线通过前两条直线交点的方法来证明三线共点，因此只需两个顶点

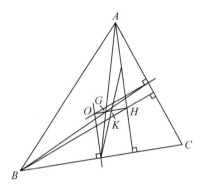

图 3.9

可以轮换即可。建立使 B，C 两点具有平等地位的最特殊的坐标系（仿例 3.1 中的坐标系 1）。

证　以直线 BC 为 x 轴，过 A 垂直于 BC 的直线为 y 轴，建立平面直角坐标系，如图 3.10 所示。

记 $\dfrac{BP}{PC}=\lambda$，$\dfrac{AQ}{QC}=\mu$，$\dfrac{AR}{RB}=\upsilon$，于是题目中的充要条件可表示为 $\lambda\cdot\dfrac{1}{\mu}\cdot\upsilon=1$，即 $\lambda=\dfrac{\mu}{\upsilon}$。

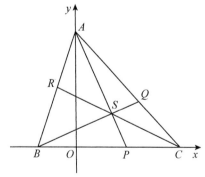

图 3.10

设 $A(0,\ a)$，$B(b,\ 0)$，$C(c,\ 0)$，于是有 $P\left(\dfrac{b+\lambda c}{1+\lambda},\ 0\right)$，

$Q\left(\dfrac{\mu c}{1+\mu},\ \dfrac{a}{1+\mu}\right)$，$R\left(\dfrac{\upsilon b}{1+\upsilon},\ \dfrac{a}{1+\upsilon}\right)$，从而得 CR 的方程为

$$\frac{y}{\dfrac{a}{1+\upsilon}}=\frac{x-c}{\dfrac{\upsilon b}{1+\upsilon}-c},$$

即 $\qquad\qquad a(x-c)-(\upsilon b-c-\upsilon c)y=0。\qquad\qquad(1)$

同理(将(1)中 c 换成 b，b 换成 c，υ 换成 μ)可得 BQ 的方程为

$$a(x-b)-(\mu c-b-\mu b)y=0。\qquad\qquad(2)$$

设过直线 CR 和 BQ 的交点 S 的直线方程为

$$[a(x-c)-(\upsilon b-c-\upsilon c)y]+\alpha[a(x-b)-(\mu c-b-\mu b)y]=0,\qquad(3)$$

使其过点 A，将 $(0，a)$ 代入(3)得

$$a\upsilon(b-c)+\alpha a\mu(c-b)=0,$$

解得 $\alpha=\dfrac{\upsilon}{\mu}$，代入(3)得直线 AS 的方程为

$$[a(x-c)-(\upsilon b-c-\upsilon c)y]+\frac{\upsilon}{\mu}[a(x-b)+(\mu c-b-\mu b)y]=0。\quad(4)$$

于是我们有(我们引入充要条件的符号"$\Leftrightarrow$"，读做"当且仅当")

$\qquad\qquad BQ$，CR，AP 三线共点 $\Leftrightarrow AP$ 与 AS 重合

$\qquad\qquad\Leftrightarrow AS$ 与 x 轴的交点 P' 与 P 重合。

在(4)中令 $y=0$ 解得 $x=\dfrac{\upsilon b+\mu c}{\upsilon+\mu}$，于是有 $P'\left(\dfrac{\upsilon b+\mu c}{\upsilon+\mu},\ 0\right)$，已知有

$P\left(\dfrac{b+\lambda c}{1+\lambda},\ 0\right)$，为了比较 P' 与 P 的坐标，我们将 P' 的坐标改写为

$P'\left(\dfrac{b+\dfrac{\mu}{\upsilon}c}{1+\dfrac{\mu}{\upsilon}},\ 0\right)$，于是有

$$P' 与 P 重合 \Leftrightarrow \left(\dfrac{b+\dfrac{\mu}{\upsilon}c}{1+\dfrac{\mu}{\upsilon}},\ 0\right) = \left(\dfrac{b+\lambda c}{1+\lambda},\ 0\right) \Leftrightarrow \dfrac{b+\dfrac{\mu}{\upsilon}c}{1+\dfrac{\mu}{\upsilon}} = \dfrac{b+\lambda c}{1+\lambda} \Leftrightarrow \lambda = \dfrac{\mu}{\upsilon}.$$

在上述证明中，我们记 $\dfrac{AQ}{QC}=\mu$（而不记 $\dfrac{CQ}{QA}=\mu$）是为了与 $\dfrac{AR}{RB}=$ υ 保持 B 和 C 在形式上的平等地位，以便进行轮换。例如，将 Q 坐标中的 c 换成 b，μ 换成 υ，即可得 R 的坐标。上述证明中，除运用了轮换技巧外，还应用了直线束。本题若采用斜角坐标系证明将会更简单一些（参见§3.2）。

3.1.2　巧用定比分点

解题时，首先想到的方法，肯定是常用的方法，但不一定是最好的。因此在解题时，不能在只用一种方法解出之后就此止步，至少还需要再想一想，有没有第二种、第三种解法，然后择其最简者。

例如，1992 年全国成人高考（文科）有一道试题：

已知椭圆 $\dfrac{x^2}{a^2}+\dfrac{y^2}{b^2}=1(a>b>0)$，过点 $A(-a,\ 0)$ 及 $B(a,\ b)$ 的直线与椭圆相交于 C，求 $|AC|:|BC|$。

看完题，最先想到的解法可能是就按题目里的要求一步步去做：求出过 A，B 的直线方程；解出 AB 与已知椭圆的交点 C；计算距离 $|AC|$ 及 $|BC|$；得出 $|AC|:|BC|$。

想一想，有没有简单一些的方法呢？求出点 C 之后，不直接计算 $|AC|$ 及 $|BC|$，而将 C，B 投影到 x 轴上，得到 E，D（如图 3.11），这时 $|AC|:|BC|=|AE|:|ED|$，而距离 $|AE|$ 及 $|ED|$ 比 $|AC|$ 及 $|BC|$ 计算起来要简便一点，因为 A，E，D 都在 x 轴上，纵坐标皆为零。

有没有再简单一些的方法呢？因为要求的是比值 $|AC|$: $|BC|$，所以能不能不写出直线 AB 的方程，也不求直线和椭圆的交点 C，而直接求 $|AC|$: $|CB|$ 呢？由于 A，B 两点已知，设 $\dfrac{AC}{CB} = \lambda$，则分点 C 的坐标为 $\left(\dfrac{-a+\lambda a}{1+\lambda},\ \dfrac{\lambda b}{1+\lambda}\right)$，因 C

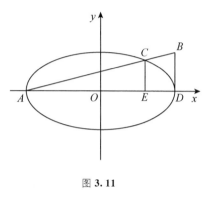

图 3.11

在椭圆上，所以 C 的坐标应满足椭圆方程。将 $\left(\dfrac{-a+\lambda a}{1+\lambda},\ \dfrac{\lambda b}{1+\lambda}\right)$ 代入椭圆方程，解得 $\lambda=0$ 及 $\lambda=4$。$\lambda=0$ 是点 A 分 AB 成两段的比，不合题意，舍去；由 $\lambda=4$ 得 $|AC|$: $|BC|=4:1$。

出考题的人给出的参考答案中只有前两种解法。他们在关于这次考试阅卷的评分标准中说，"本道题主要考查直线方程、曲线交点、方程组的解法及综合解题能力"。从中可以看出，上述应用定比分点的解法连出题的人也未想到。作者参加了北京市的阅卷工作，从北京市这次考试的全部答卷看，运用定比分点解题的考生非常之少。出题者与答题者两方面的情况都反映出解题中定比分点的运用没有得到足够的重视。

一般情况是，能用定比分点解的题，往往同时也能用别的方法解，例如由方程解出交点再求距离等，而这些方法是常见的，比较熟悉的，因此往往是首先会想到的。然而计算起来有时要比用定比分点复杂一些，就像我们在上面所举的例子那样。

我们再来看几个例子。

例 **3.6**　已知两平行直线 l_1：$3x+2y-6=0$，l_2：$6x+4y-3=0$，求与它们等距离的平行线 l 的方程。

最先也是最容易想到的解法可能是求到两条平行直线 l_1 与 l_2 等距离的点的轨迹。运用点到直线的距离公式，可得

$$\frac{|3x+2y-6|}{\sqrt{3^2+2^2}}=\frac{|6x+4y-3|}{\sqrt{6^2+4^2}},$$

然后去绝对值号得所求方程。

若用定比分点来解，只需求出 l_1，l_2 与 x 轴的交点 P_1 及 P_2，过 P_1P_2 中点 P 且平行于 l_1 的直线 l 即为所求（如图 3.12）。

在 l_1 及 l_2 的方程中，令 $y=0$ 解得 P_1（2，0），$P_2\left(\dfrac{1}{2}，0\right)$。线段 P_1P_2 的中点为 $P\left(\dfrac{5}{4}，0\right)$，过 P 平行于 l_1 的直线方程为 $12x+8y-15=0$，即为所求。

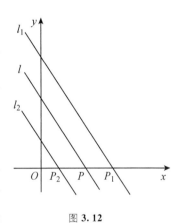

图 **3.12**

评论　用点到直线的距离来解时，式中有绝对值号，去绝对值号时需进行讨论；而应用定比分点时则无此麻烦。应用定比分点的这一优点在解例 3.7 时更为明显。

例 **3.7**　已知两平行线 l_1 及 l_2 同例 3.6，求位于 l_1 与 l_2 之间的平行线 l，使 l 到 l_1 与 l 到 l_2 的距离之比为 $1:2$。

此题留作练习，请读者分别用点到直线的距离与定比分点两种方法来解，并把这两种解法进行比较。

例 **3.8**　已知不共线三点 $A(a_1，a_2)$，$B(b_1，b_2)$，$C(c_1，c_2)$，

求过 C 的直线 l，使得 l 与线段 AB 相交且与 A，B 等距离。

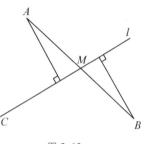

图 3.13

　　分析　如果 l 已经求出，l 与 A，B 两点等距离，且与线段 AB 相交（如图 3.13），则 l 必过线段 AB 的中点 M。于是可知，C 与 AB 之中点 $M\left(\dfrac{a_1+b_1}{2}，\dfrac{a_2+b_2}{2}\right)$ 的连线即为所求直线 l。

　　评论　若用点到直线的距离来解，又遇到绝对值，去绝对值号后得两条直线，还需判断其中哪一条是所求（恰与线段 AB 相交），而运用定比分点来解则无此麻烦。

　　本题若改为求与线段 AB 相交的直线 l，且使 l 到 A 的距离是 l 到 B 的距离的 3 倍，则用点到直线的距离解时，判断哪条直线是所求就更复杂了；这时，用定比分点的优越性则更加明显。

　　例 3.9　已知 $\square ABCD$ 中三个顶点 $A(a_1，a_2)$，$B(b_1，b_2)$，$C(c_1，c_2)$，求第四个顶点 D 的坐标。

　　分析　由 $\square ABCD$ 的对角线互相平分，知 AC 的中点 $M\left(\dfrac{a_1+c_1}{2}，\dfrac{a_2+c_2}{2}\right)$ 也是 BD 的中点（如图 3.14）。由 B 及 M 再用一次中点公式，即可求出点 D 的坐标。

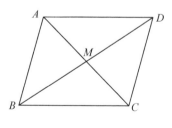

图 3.14

　　评论　本题若采用求过 A 且平行于 BC 的直线与过 C 且平行于 AB 的直线的交点的方法来求 D，则需求出两条直线的方程，再联立求解。若采

用距离 $|AD|=|BC|$ 及 $|CD|=|AB|$ 来求点 D，则需将两个二元二次方程（即两个圆的方程）联立求解，得两组解，即两个点，还需判断哪个点是所求。这两种解法都比用定比分点复杂。

例 3.10　设过两点 $A(-3,2)$ 及 $B(6,1)$ 的直线与直线 l：$x+3y-6=0$ 交于 P（如图 3.15），求 P 分线段 AB 所成的比。

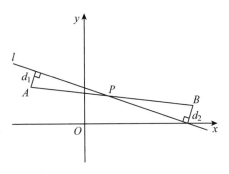

图 3.15

解　设 $\dfrac{AP}{PB}=\lambda$，于是点 $P(x_P,y_P)$ 为

$$x_P=\frac{-3+6\lambda}{1+\lambda},\quad y_P=\frac{2+\lambda}{1+\lambda},$$

因为 P 在 l 上，所以

$$\frac{-3+6\lambda}{1+\lambda}+3\left(\frac{2+\lambda}{1+\lambda}\right)-6=0,$$

解得 $\lambda=1$。

评论　做这个题时，不少同学是先求出直线 AB 的方程，求出直线 AB 与已知直线 l 的交点 P 的坐标，再计算 $|AP|$ 与 $|PB|$ 得到 $|AP|:|PB|$；更多的同学则是不求交点 P 的坐标，而直接应用 $|AP|:|PB|=d_1:d_2$，此处，d_1，d_2 是分别从 A，B 到直线 l 的距离（如图 3.15），同样得到 $|AP|:|PB|$。但题目要求的是两个有向线段的量的比 $AP:PB$，而不是两个线段的长度之比

$|AP|$：$|PB|$。由图 3.15 可见，A，B 两点正好在 l 的异侧，即交点 P 是线段 AB 的内分点，所以 $AP:PB=|AP|:|PB|=d_1:d_2$。如果不能确定 A，B 在 l 的同侧还是异侧（见例 3.11），则需分两种情形进行讨论。而直接用定比分点解时，则可免此麻烦。

例 3.11 已知 $P_1(x_1，y_1)$，$P_2(x_2，y_2)$ 的连线交直线 l：$ax+by+c=0$ 于点 P。求证

$$\frac{P_1P}{PP_2}=-\frac{ax_1+by_1+c}{ax_2+by_2+c}。 \tag{1}$$

分析 本题若用点到直线的距离来解，$|P_1P|:|PP_2|=d_1:d_2$，此处 d_1，d_2 分别为 P_1，P_2 到直线 l 的距离。但因 P_1，P_2 可能在 l 异侧，也可能在 l 同侧，因此有 $\dfrac{P_1P}{PP_2}=\dfrac{|P_1P|}{|PP_2|}=\dfrac{d_1}{d_2}$ 或者 $\dfrac{P_1P}{PP_2}=-\dfrac{|P_1P|}{|PP_2|}=-\dfrac{d_1}{d_2}$ 两种情形，必须分别加以讨论。而若仿照例 3.10 用定比分点解，则可避免分情况讨论，省却很多麻烦。具体证明留给读者。

这里顺便介绍一下，上述例 3.11 的结果 (1) 很有用，例如利用它可以很简便地证明我们前面已证明过的塞瓦定理（见例 3.5）的一部分：

已知 P，Q，R 分别是 $\triangle ABC$ 三边 BC，CA，AB 或其延长线上的点，若 AP，BQ，CR 三线共点，则 $\dfrac{BP}{PC}\cdot\dfrac{CQ}{QA}\cdot\dfrac{AR}{RB}=1$。

证 设 AP，BQ，CR 三线共点于 O，以 O 为原点建立平面直角坐标系（如图 3.16）。设 A，B，C 三点的坐标分别为 $A(a_1，a_2)$，$B(b_1，b_2)$，$C(c_1，c_2)$，于是 AP（即 AO）的方程为

$$y=\frac{a_2}{a_1}x，\ \text{即}\ a_2x-a_1y=0，$$

应用例 3.11 的结果 (1) 得

$$\frac{BP}{PC} = -\frac{a_2 b_1 - a_1 b_2}{a_2 c_1 - a_1 c_2},$$

同理得 $\dfrac{CQ}{QA} = -\dfrac{b_2 c_1 - b_1 c_2}{b_2 a_1 - b_1 a_2},$

$$\frac{AR}{RB} = -\frac{c_2 a_1 - c_1 a_2}{c_2 b_1 - c_1 b_2},$$

于是 $\dfrac{BP}{PC} \cdot \dfrac{CQ}{QA} \cdot \dfrac{AR}{RB} = 1$。

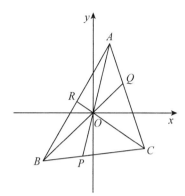

上述证明中也运用了轮换技巧（请读者指出是如何运用的）。

图 **3.16**

在上述几个例子中，我们看到，由于两点间的距离公式要开平方，点到直线的距离公式有绝对值号，都给计算带来了麻烦，而应用定比分点却无此类麻烦；另一方面，由于定比分点是直接用坐标求坐标，有时可避免求方程再解交点的复杂计算。因此，一般在解题时能应用定比分点的地方应尽量用定比分点。

习题 6

1. 在四边形 $ABCD$ 中，已知一组对边 AB 与 CD 的垂直平分线相交于 P，另一组对边 BC 与 AD 的垂直平分线相交于 Q，且 M，N 分别为对角线 AC 与 BD 的中点。求证 $PQ \perp MN$。

2. 已知两平行直线 l_1：$3x + 2y - 6 = 0$ 和 l_2：$6x + 4y - 3 = 0$，求位于 l_1 与 l_2 之间的平行直线 l，使 l 到 l_1 与到 l_2 的距离之比为 $1 : 2$（试用"点到直线的距离"与"定比分点"两种方法来解，并对这两种解法进行比较）。

3. 已知 $P_1(x_1, y_1)$，$P_2(x_2, y_2)$ 的连线交直线 l：$ax + by + c = 0$ 于点 P，求证 $\dfrac{P_1 P}{PP_2} = -\dfrac{ax_1 + by_1 + c}{ax_2 + by_2 + c}$。

§3.2　斜角坐标系的优势

坐标系是解析几何赖以存在的基础，通过坐标系，平面上的点才与实数对联系起来，进而把平面上的曲线用代数中的方程表示，用代数的方法研究解决几何问题。但是读者可曾知道，当初 17 世纪笛卡儿创立解析几何时，使用的是哪种坐标系？当时，笛卡儿取定一条直线当基线（即现在所说的 x 轴），再取定一个与基线相交成定角的方向（即现在所说的 y 轴方向，不过当时并没有明白地出现 y 轴）（参见 §2.1），而且他也没有要求 x 轴和 y 轴互相垂直。可见当初笛卡儿使用的并不是现在我们所用的笛氏直角坐标系，而是笛氏斜角坐标系，两轴互垂直是后人为了方便才加以规定的。有了笛氏直角坐标系以后，反而冷落了斜角坐标系，现在的中学教科书中根本不提它了，其实有些问题用斜角坐标系求解反而更方便一些。

我们先介绍什么是笛氏斜角坐标系，以及笛氏直角坐标系中哪些公式在斜角坐标系中仍然成立，哪些公式则不成立，然后举例说明什么样的问题用斜角坐标系解起来更方便一些。

取相交于一点 O 的两条直线且规定它们的方向，通常一条取为水平方向，向右为正，称为 x 轴，另一条指向 x 轴上方一侧为正，称为 y 轴，两轴交点称为坐标原点。每一条轴上规定度量单位，从原点算起，x 轴向右为正，向左为负，y 轴向上为正，向下为负。这样就构成了平面上的笛氏右手斜角坐标系 xOy（如图 3.17）。说它是右手系，是指让右手五指并拢，手指向掌心弯曲的方向与从 x 轴正向沿着小于平角的角到 y 轴正向的转动方向（如图 3.17 中弧形箭头所指的方向）一致。通常我们都采用右手系。

　　在斜角坐标系 xOy 中，平面上一点 P 的坐标规定如下（如图 3.17）：自 P 作 y 轴的平行线交 x 轴于点 P_x，点 P_x 在 x 轴上的坐标 x（即 x 轴上的有向线段 $\overline{OP_x}$ 的量）称为点 P 的 x 坐标；自 P 作 x 轴的平行线交 y 轴于点 P_y，点 P_y 在 y 轴上

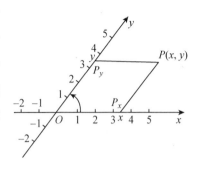

图 3.17

的坐标 y（即 y 轴上有向线段 $\overline{OP_y}$ 的量）称为点 P 的 y 坐标。有序数对 $(x，y)$ 称为点 P 在斜坐标系中的坐标，记为 $P(x，y)$。原点 O 的坐标为 $(0，0)$。

　　斜角坐标系也把平面分成四个部分，每部分也称为一个象限。四个象限的名称以及每个象限内点的坐标的符号的规定，也都与直角坐标系相同。

　　如果在笛氏斜角坐标系中，两个坐标轴的交角为直角时，我们就得到直角坐标系，可见直角坐标系是斜角坐标系的一个特殊情形。

　　如果在笛氏斜角坐标系中，我们不要求两个坐标轴上的度量单位相等，这样的坐标系称为仿射坐标系（如图 3.18）。本节一般使用斜角坐标系，不过有时用仿射坐标系更简便，届时将会说明。

　　下面介绍斜角坐标系（仿射坐标系）中的几个常用公式。

1. 定比分点公式

　　设 $P(x，y)$ 是线段 $\overline{P_1P_2}$ 上的一点（如图 3.19）且 $\dfrac{\overline{P_1P}}{\overline{PP_2}}=\lambda(\lambda\neq -1)$，设有 $P_1(x_1，y_1)$，$P_2(x_2，y_2)$，则点 P 的坐标为

$$x=\frac{x_1+\lambda x_2}{1+\lambda}，\quad y=\frac{y_1+\lambda y_2}{1+\lambda}。$$

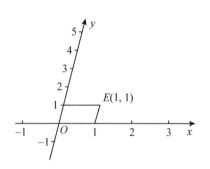

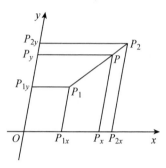

图 3.18   图 3.19

（推导过程与在直角坐标系中相同。）

特别地，当 $\lambda=1$ 时得线段 $\overline{P_1P_2}$ 的中点 P 的坐标为

$$x=\frac{x_1+x_2}{2}, \quad y=\frac{y_1+y_2}{2}。$$

通过与在直角坐标系中同样的步骤可以导出：若 $\triangle P_1P_2P_3$ 的顶点为 $P_1(x_1, y_1)$，$P_2(x_2, y_2)$，$P_3(x_3, y_3)$，则 $\triangle P_1P_2P_3$ 的重心 G 的坐标为

$$x=\frac{x_1+x_2+x_3}{3}, \quad y=\frac{y_1+y_2+y_3}{3}。$$

2. 直线方程

过点 $P_1(x_1, y_1)$ 和 $P_2(x_2, y_2)$ 的直线方程（两点式）为

$$\frac{x-x_1}{x_2-x_1}=\frac{y-y_1}{y_2-y_1}。$$

特别地，当 $P_1P_2 /\!/ y$ 轴（即 $x_1=x_2$ 时），直线方程为 $x=x_1$；

当 $P_1P_2 /\!/ x$ 轴（即 $y_1=y_2$ 时），直线方程为 $y=y_1$。

过点 $A(a, 0)$ 和 $B(0, b)$ 的直线方程（截距式）为

$$\frac{x}{a}+\frac{y}{b}=1。$$

一般地，直线方程为二元一次方程

$$Ax+By+C=0,$$

反之，凡是二元一次方程皆表示
直线。

注意   在斜角坐标系中直线方
程没有点斜式 $y-y_0=k(x-x_0)$，
也没有斜截式 $y=kx+b$，这是因

为式中的 $k\left(=\dfrac{y-y_0}{x-x_0}\right)$ 不表示过点

$P_0(x_0, y_0)$ 的直线的斜率（$\tan\alpha$），
如图 3.20。

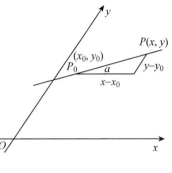

图 **3.20**

3. 两条直线的位置关系

两直线 $l_1: A_1x+B_1y+C_1=0$ 与 $l_2: A_2x+B_2y+C_2=0$ 的交
点的坐标，即上述两方程联立的解：

$$x=\frac{\begin{vmatrix} -C_1 & B_1 \\ -C_2 & B_2 \end{vmatrix}}{\begin{vmatrix} A_1 & B_1 \\ A_2 & B_2 \end{vmatrix}}, \quad y=\frac{\begin{vmatrix} A_1 & -C_1 \\ A_2 & -C_2 \end{vmatrix}}{\begin{vmatrix} A_1 & B_1 \\ A_2 & B_2 \end{vmatrix}}.$$

因此两直线 l_1，l_2 平行（不重合）的条件为

$$l_1 /\!/ l_2 \Leftrightarrow \frac{A_1}{A_2}=\frac{B_1}{B_2}\neq\frac{C_1}{C_2}.$$

注意   "$l_1\perp l_2$ 的条件 $A_1A_2+B_1B_2=0$"在斜角坐标系中不再成
立。（你能说明理由吗？）

4. $\triangle ABC$ 的面积公式

设平面上三点的坐标分别为 $A(x_1, y_1)$，$B(x_2, y_2)$，$C(x_3,$
$y_3)$，则 $\triangle ABC$ 的面积

$$S = \left| \frac{1}{2} \begin{vmatrix} x_1 & y_1 & 1 \\ x_2 & y_2 & 1 \\ x_3 & y_3 & 1 \end{vmatrix} \right| \text{个面积单位。}$$

故有　A，B，C 三点共线 $\Leftrightarrow \begin{vmatrix} x_1 & y_1 & 1 \\ x_2 & y_2 & 1 \\ x_3 & y_3 & 1 \end{vmatrix} = 0.$

　　说明　(1)设 D 和 F 分别是 x 轴和 y 轴上的单位点，以 OD 和 OF 为邻边的 $\Box ODEF$ 的面积称为该坐标系下的面积单位。例如图 3.21 中 $\Box OGCH$ 的面积为 $x_3 y_3$ 个面积单位。因此斜角坐标系中三角形的面积公式与直角坐标系中的相同，但在两个坐标系中的面积单位不同。直角坐标系中的面积单位正好是单位正方形的面积，数值恰为 1。

　　(2)当三角形的顶点 A，B，C 的顺序是沿逆时针方向排列时（如图 3.21），面积公式中的三阶行列式的值为正；而 A，B，C 沿顺时针方向排列时行列式的值为负。

　　(3)上述面积公式的证明。面积单位略去不写。设顶点顺序按逆时针方向排列。

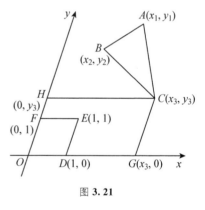

图 3.21

　　第 1 步　对于特殊情形：三角形的一个顶点为坐标原点，设有 $O(0，0)$，$B(x_2，y_2)$，$C(x_3，y_3)$，证明

$$S_{\triangle OBC} = \frac{1}{2} \begin{vmatrix} 0 & 0 & 1 \\ x_2 & y_2 & 1 \\ x_3 & y_3 & 1 \end{vmatrix}.$$

这时 $\triangle OBC$ 的其他两个顶点 B 和 C，可以有很多种各不相同的位置，例如 B 与 C 各在一个坐标轴上；B 与 C 中有一个在某个坐标轴上；B 与 C 同在某一个象限内；或分别在某两个相邻的象限内；或在某两个不相邻的象限内；在同一个象限内又有 $x_2 > x_3$，$x_2 = x_3$，$x_2 < x_3$ 等各种情形；等等。

我们仅以图 3.22 所示的情形，即 B，C 同在第一象限且 $x_2 > x_3$，$y_2 < y_3$ 为例，给出证明，对于其他的情形，证明方法完全类似。过 B 作 $BF /\!/ y$ 轴，作 $BG /\!/ x$ 轴，过 C 作 $CH /\!/ y$ 轴，作 $CD /\!/ x$ 轴，CH 与 BG 交于 M，CD 交 BF 于

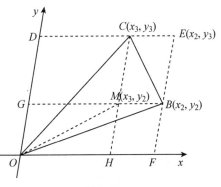

图 3.22

E，于是有 $E(x_2, y_3)$，$M(x_3, y_2)$，连接 OM，由图 3.22 可得

$$
\begin{aligned}
S_{\triangle OBC} &= S_{\triangle OBM} + S_{\triangle OMC} + S_{\triangle MBC} \\
&= S_{\triangle OBG} - S_{\triangle OMG} + S_{\triangle OHC} - S_{\triangle OHM} + S_{\triangle MBC} \\
&= \frac{1}{2} S_{\square OFBG} - \frac{1}{2} S_{\square OHMG} + \frac{1}{2} S_{\square OHCD} - \frac{1}{2} S_{\square OHMG} + \frac{1}{2} S_{\square MBEC} \\
&= \frac{1}{2} x_2 y_2 - x_3 y_2 + \frac{1}{2} x_3 y_3 + \frac{1}{2}(x_2 - x_3)(y_3 - y_2) \\
&= \frac{1}{2}(x_2 y_3 - x_3 y_2) = \frac{1}{2} \begin{vmatrix} x_2 & y_2 \\ x_3 & y_3 \end{vmatrix} = \frac{1}{2} \begin{vmatrix} 0 & 0 & 1 \\ x_2 & y_2 & 1 \\ x_3 & y_3 & 1 \end{vmatrix}.
\end{aligned}
$$

第 2 步 对于一般情形，设有 $A(x_1, y_1)$，$B(x_2, y_2)$，$C(x_3, y_3)$，证明

$$S_{\triangle ABC} = \frac{1}{2} \begin{vmatrix} x_1 & y_1 & 1 \\ x_2 & y_2 & 1 \\ x_3 & y_3 & 1 \end{vmatrix}。$$

我们利用坐标轴的平移变换，使点 A 成为新坐标系中的坐标原点，则可将一般情形转化成新坐标系中的特殊情形，再应用第 1 步的结果，即可得证。

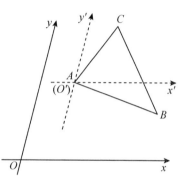

图 3.23

我们将坐标轴平移，使点 A 为新原点 O'，如图 3.23。设一点在原坐标系 xOy 中的坐标为 (x, y)，该点在新坐标系 $x'O'y'$ 中的新坐标为 (x', y')，则上述平移变换的坐标变换公式为

$$\begin{cases} x' = x - x_1, \\ y' = y - y_1。\end{cases}$$

于是在新坐标系 $x'O'y'$ 中，A，B，C 的新坐标分别为 $A(0, 0)$，$B(x_2 - x_1, y_2 - y_1)$，$C(x_3 - x_1, y_3 - y_1)$。应用第 1 步的结果可得

$$S_{\triangle ABC} = \frac{1}{2} \begin{vmatrix} 0 & 0 & 1 \\ x_2 - x_1 & y_2 - y_1 & 1 \\ x_3 - x_1 & y_3 - y_1 & 1 \end{vmatrix}$$

$$= \frac{1}{2} \begin{vmatrix} x_2 - x_1 & y_2 - y_1 \\ x_3 - x_1 & y_3 - y_1 \end{vmatrix} = \frac{1}{2} \begin{vmatrix} x_1 & y_1 & 1 \\ x_2 & y_2 & 1 \\ x_3 & y_3 & 1 \end{vmatrix}。$$

5. 两点间的距离公式

在平面直角坐标系中原点 O 到点 $P(x, y)$ 的距离

$$|OP| = \sqrt{x^2 + y^2}。$$

两点 $P_1(x_1,y_1)$，$P_2(x_2,y_2)$ 间的距离

$$|P_1 P_2| = \sqrt{(x_2-x_1)^2 + (y_2-y_1)^2}。$$

这两个公式在斜角坐标系中一般不成立。在斜角坐标系中，两点间的距离与两坐标轴间的夹角 θ 有关。应用三角形的余弦定理可以导出（如图 3.24）原点 O 到点 $P(x,y)$ 的距离

$$|OP| = \sqrt{x^2 + y^2 + 2xy\cos\theta}，$$

两点 $P_1(x_1,y_1)$，$P_2(x_2,y_2)$ 之间的距离

$$|P_1 P_2| = \sqrt{(x_2-x_1)^2 + (y_2-y_1)^2 + 2(x_2-x_1)(y_2-y_1)\cos\theta}。$$

可见有关距离的问题，用直角坐标系要比用斜角坐标系方便。

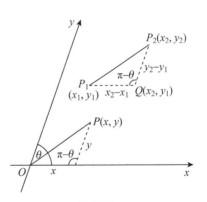

图 **3.24**

从以上列举的斜角坐标系中的常用公式看，什么情况下用斜角坐标系解题更方便一些呢？因为斜角坐标系不要求两个坐标轴互相垂直，所以任意两条相交直线皆可以取为坐标轴（如果建立仿射坐标系，则更可以把两相交直线上交点以外的任一点取为各自的单位点），这样就可以使得某些点的坐标及某些直线的方程变得很简单。在斜角坐标系（或仿射坐标系）中，定比分点的公式，直线方程的两点式、截距式、一般式，两直线平行的条件，求两直线交点的公式，三点共线的条件等都与直角坐标系中相同；三角形的面积公式也相同，但面积单位要随两坐标轴夹角的改变而改变。因此，一般在证明直线平行及三点共线，或与平行线段的

比及三角形面积的比有关的问题时，应用斜角坐标系会很方便；但在解与距离及垂直有关的问题时，斜角坐标系不如直角坐标系方便。

例 3.12   已知线段 AB 的中点 M，从 AB 上另一点 C 向 AB 的一侧作线段 CD，令 CD 的中点为 N，AD 的中点为 P，MN 的中点为 Q，求证 PQ 平分 BC。（1978 年全国数学联赛试题）

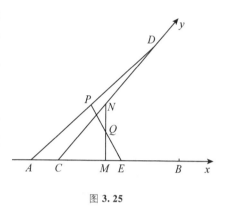

图 3.25

分析   本题只涉及若干线段的中点，最原始的点为 A，B，C，D，其他的点都是由它们得到的。因此若这几个原始点的坐标设得简单，则由它们得到的其他点的坐标也会跟着简单。于是想到用斜角坐标系，以 CB 为 x 轴，CD 为 y 轴，C 为原点，这样 A，B，C，D 的坐标就简单多了。

证   以 C 为原点，CB 为 x 轴，CD 为 y 轴建立坐标系（如图 3.25）。于是有 $C(0，0)$，设 $A(a，0)$，$B(b，0)$，$D(0，d)$。由中点公式得 AB 的中点 $M\left(\dfrac{a+b}{2}，0\right)$，$AD$ 的中点 $P\left(\dfrac{a}{2}，\dfrac{d}{2}\right)$，$CD$ 的中点 $N\left(0，\dfrac{d}{2}\right)$，$MN$ 的中点 $Q\left(\dfrac{a+b}{4}，\dfrac{d}{4}\right)$。要证 PQ 平分 BC，只需证明 CB 的中点 $E\left(\dfrac{b}{2}，0\right)$ 与 P，Q 三点共线就行了。由

$$\begin{vmatrix} \dfrac{b}{2} & 0 & 1 \\[2mm] \dfrac{a}{2} & \dfrac{d}{2} & 1 \\[2mm] \dfrac{a+b}{4} & \dfrac{d}{4} & 1 \end{vmatrix} = \dfrac{bd}{4} + \dfrac{ad}{8} - \dfrac{ad+bd}{8} - \dfrac{bd}{8} = 0$$

得 E，P，Q 三点共线。证毕。

例 3.13　设 $\angle A$ 是一个固定角，B，C 分别在 $\angle A$ 的两边上变动，使 $\dfrac{1}{AB} + \dfrac{1}{AC}$ 为定值，求证 BC 通过一个定点。

分析　当 B，C 两点在角的两边上变动时，直线 BC 也跟着变动，如果能使 B，C 的坐标简单，则直

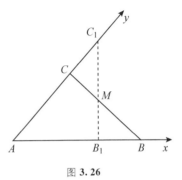

图 **3.26**

线 BC 的方程也就简单。因此想到取角的两边为两坐标轴建立斜角坐标系（如图 3.26）。于是有 $A(0，0)$，设 $B(b，0)$，$C(0，c)$，即 $AB=b$，$AC=c$，由题设有

$$\frac{1}{AB} + \frac{1}{AC} = \frac{1}{b} + \frac{1}{c} = m \quad \text{（定值）}, \tag{1}$$

BC 的方程为

$$\frac{x}{b} + \frac{y}{c} = 1 。 \tag{2}$$

我们的目的是证明当 b，c 满足条件（1）变动时，直线（2）通过一个定点。

证法 1　我们先来猜一猜这个定点可能是哪一点，只要猜出来了，剩下的验证工作就是一件容易的事了。如何猜呢？假定所有 BC

都通过一个定点，则任意两条符合要求的 BC 的交点就一定是这个定点了。我们取两条特殊的符合要求的 BC，它们的交点当然也就是这个定点。这样的直线我们已经有了一条，即 BC：$\dfrac{x}{b}+\dfrac{y}{c}=1$，再取一条 B_1C_1，使 $AB_1=AC$，$AC_1=AB$（如图 3.26），即有 $B_1(c, 0)$，$C_1(0, b)$，于是

$$\frac{1}{AB_1}+\frac{1}{AC_1}=\frac{1}{c}+\frac{1}{b}=m,$$

即 B_1C_1 也符合要求。B_1C_1 的方程为

$$\frac{x}{c}+\frac{y}{b}=1。$$

BC 和 B_1C_1 的交点记为 M。

$$\begin{cases} \dfrac{x}{b}+\dfrac{y}{c}=1, \\ \dfrac{x}{c}+\dfrac{y}{b}=1, \end{cases}$$

当 $b\neq c$ 时，解得 $x=\dfrac{1}{m}$，$y=\dfrac{1}{m}$，即有 $M\left(\dfrac{1}{m}, \dfrac{1}{m}\right)$。当 $b=c$ 时两直线重合。点 $M\left(\dfrac{1}{m}, \dfrac{1}{m}\right)$ 也在 BC 及 B_1C_1 上。于是我们猜想 $M\left(\dfrac{1}{m}, \dfrac{1}{m}\right)$ 就是所要寻找的定点。

最后，再验证定点 $M\left(\dfrac{1}{m}, \dfrac{1}{m}\right)$ 在满足条件的任一条直线 B_0C_0 上。设有 $B_0(b_0, 0)$，$C_0(0, c_0)$ 且

$$\frac{1}{AB_0}+\frac{1}{AC_0}=\frac{1}{b_0}+\frac{1}{c_0}=m,$$

则 B_0C_0 的方程为

$$\frac{x}{b_0}+\frac{y}{c_0}=1。$$

将定点 $M\left(\dfrac{1}{m}, \dfrac{1}{m}\right)$ 代入方程左端，得

$$\frac{\dfrac{1}{m}}{b_0} + \frac{\dfrac{1}{m}}{c_0} = \frac{1}{m}\left(\frac{1}{b_0} + \frac{1}{c_0}\right) = \frac{1}{m} \times m = 1 = 右端。$$

即 M 在 B_0C_0 上，即 B_0C_0 通过定点 M。

本证法在应用斜坐标系的同时，还采用了"先猜后证"的方法。这是证明"通过定点"及"有定值"这一类问题常用的一种方法。

证法 2　由上述分析，设 $A(0, 0)$，$B(b, 0)$，$C(0, c)$，即 $AB = b$，$AC = c$，于是由题设条件 $\dfrac{1}{AB} + \dfrac{1}{AC} = m$ 得

$$\frac{1}{b} + \frac{1}{c} = m（定值）。 \tag{1}$$

又直线 BC 的方程为

$$\frac{x}{b} + \frac{y}{c} = 1。 \tag{2}$$

(1)式可以化为

$$\frac{1}{bm} + \frac{1}{cm} = 1，再化为 \frac{\dfrac{1}{m}}{b} + \frac{\dfrac{1}{m}}{c} = 1。 \tag{1\,$'$}$$

等式(1)$'$说明定点 $\left(\dfrac{1}{m}, \dfrac{1}{m}\right)$ 的坐标满足方程(2)，即直线 BC 通过定点 $\left(\dfrac{1}{m}, \dfrac{1}{m}\right)$。

例 3.14　三角形从一个顶点到对边三等分点作线段，过第二顶点的中线被这些线段分成连比 $x : y : z$。设 $x \geqslant y \geqslant z$，求 $x : y : z$。（美国纽约 1971 年高中数学竞赛试题）

如图 3.27 所示，已知 D，E 是 $\triangle ABC$ 的边 BC 的三等分点，F 是边 AC 的中点，BF 交 AD 于 G，交 AE 于 H，且 $BG : GH :$

$HF = x \colon y \colon z$。设 $x \geqslant y \geqslant z$，求 $x \colon y \colon z$。

分析 本题只涉及线段的分点和比，如果三角形的顶点 A，B，C 的坐标设得比较简单，则边上的分点 D，E，F 的坐标，因而直线 AD，AE，BF 的方程也会比较简单，交点 G 与 H 的坐标的计算也会方便些。

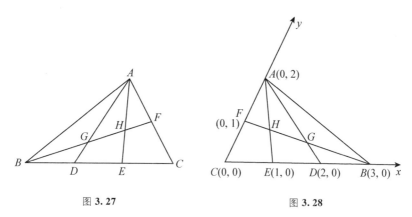

图 3.27　　　　　　　图 3.28

解 取 C 为原点，CB 为 x 轴，CA 为 y 轴，因为 $CE = ED = DB$，$CF = FA$，所以想到取仿射坐标系：$C(0, 0)$，$E(1, 0)$，$F(0, 1)$，于是有 $D(2, 0)$，$B(3, 0)$，$A(0, 2)$，如图 3.28。

AE，AD，BF 的方程分别为

$$AE: x + \frac{y}{2} = 1，即 2x + y = 2, \tag{1}$$

$$AD: \frac{x}{2} + \frac{y}{2} = 1，即 x + y = 2, \tag{2}$$

$$BF: \frac{x}{3} + y = 1，即 x + 3y = 3。 \tag{3}$$

故由(2)(3)联立求解，得到 AD 与 BF 的交点 G 的坐标 $\left(\frac{3}{2}, \frac{1}{2}\right)$，由(1)(3)联立求解，得到 AE 与 BF 的交点 H 的坐标 $\left(\frac{3}{5}, \frac{4}{5}\right)$。

故由

$$\frac{BG}{GH} = \frac{x_G - x_B}{x_H - x_G} = \frac{\dfrac{3}{2} - 3}{\dfrac{3}{5} - \dfrac{3}{2}} = \frac{5}{3},$$

$$\frac{BG}{HF} = \frac{x_G - x_B}{x_F - x_H} = \frac{\dfrac{3}{2} - 3}{0 - \dfrac{3}{5}} = \frac{5}{2}$$

(此处 x_G，x_B，x_H，x_F 分别表示点 G，B，H，F 的横坐标)得

$$BG : GH : HF = 5 : 3 : 2,$$

即 $x : y : z = 5 : 3 : 2$。

例 3.15　**梅尼劳斯**(Menelaus)**定理**　设 X，Y，Z 分别是 $\triangle ABC$ 三边 BC，CA，AB 或其延长线上的点，则 X，Y，Z 三点共线的充要条件为

$$\frac{XB}{XC} \cdot \frac{YC}{YA} \cdot \frac{ZA}{ZB} = 1。\tag{1}$$

分析　为了便于运用定比分点的公式，先将条件(1)改写成用分比表示的形式，设

$$\frac{BX}{XC} = \lambda, \qquad \frac{CY}{YA} = \mu, \qquad \frac{AZ}{ZB} = \upsilon$$

(λ，μ，υ 皆不等于 -1)，于是条件(1)变成

$$\lambda\mu\upsilon = -1, \quad \text{或} \quad 1 + \lambda\mu\upsilon = 0。$$

因为本题只涉及定比分点及三点共线，因此若设法使原始点 A，B，C 的坐标设得尽可能简单，肯定会给证明带来方便，于是想到建立斜角坐标系。取 BC 为 x 轴，BA 为 y 轴，若用仿射坐标系，取 C 为 x 轴上的单位点，A 为 y 轴上的单位点，则 A，B，C 三点的坐标就更简单了。

证　建立仿射坐标系如图 3.29
所示。于是有 $B(0，0)$，$A(0，1)$，
$C(1，0)$。由定比分点公式得
$X\left(\dfrac{\lambda}{1+\lambda}，0\right)$，$Y\left(\dfrac{1}{1+\mu}，\dfrac{\mu}{1+\mu}\right)$，
$Z\left(0，\dfrac{1}{1+\upsilon}\right)$。由

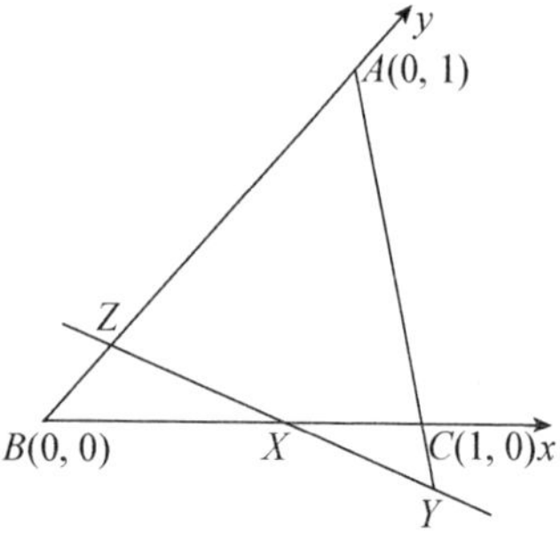

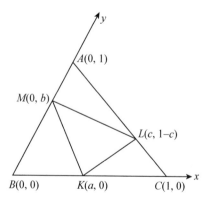

图 3.29

$$\begin{vmatrix} \dfrac{\lambda}{1+\lambda} & 0 & 1 \\[2mm] \dfrac{1}{1+\mu} & \dfrac{\mu}{1+\mu} & 1 \\[2mm] 0 & \dfrac{1}{1+\upsilon} & 1 \end{vmatrix} = \dfrac{\lambda\mu}{(1+\lambda)(1+\mu)} +$$

$$\dfrac{1}{(1+\mu)(1+\upsilon)} - \dfrac{\lambda}{(1+\lambda)(1+\upsilon)} = \dfrac{1+\lambda\mu\upsilon}{(1+\lambda)(1+\mu)(1+\upsilon)}$$

及　　　　　　　　$(1+\lambda)(1+\mu)(1+\upsilon)\neq 0$

得到　　　　　　　$X，Y，Z$ 三点共线 $\Leftrightarrow 1+\lambda\mu\upsilon=0$。

例 3.16　在 $\triangle ABC$ 三边 AB，BC，CA 上各有与顶点不同的
一点 M，K，L，试证：$\triangle AML$，
$\triangle MBK$，$\triangle KCL$ 中至少有一个
三角形的面积不大于 $\triangle ABC$ 面
积的 $\dfrac{1}{4}$。（第 8 届国际数学奥林
匹克试题）

分析　这是一个关于多个
三角形面积比的问题，因此若
诸三角形顶点的坐标设得越简
单，则证明起来越方便。

图 3.30

证　以 B 为原点，C 和 A 分别为 x 轴和 y 轴上的单位点，建立如图 3.30 所示的仿射坐标系。于是有 $B(0，0)$，$C(1，0)$，$A(0，1)$。点 M 在边 AB 上且非 A，B，故其坐标可设为 $(0，b)$，$0<b<1$。点 K 在边 BC 上且非 B，C，故其坐标可设为 $(a，0)$，$0<a<1$。点 L 在边 AC 上，AC 的方程为 $x+y=1$，设 $x_L=c$，则 $y_L=1-c$，又点 L 非 A，C，于是 L 的坐标可设为 $(c，1-c)$，$0<c<1$。于是有

$$S_{\triangle AML}=\frac{1}{2}\begin{vmatrix}0 & 1 & 1\\0 & b & 1\\c & 1-c & 1\end{vmatrix}=\frac{1}{2}c(1-b)，$$

$$S_{\triangle MBK}=\frac{1}{2}\begin{vmatrix}0 & b & 1\\0 & 0 & 1\\a & 0 & 1\end{vmatrix}=\frac{1}{2}ab，$$

$$S_{\triangle KCL}=\frac{1}{2}\begin{vmatrix}a & 0 & 1\\1 & 0 & 1\\c & 1-c & 1\end{vmatrix}=\frac{1}{2}(1-a)(1-c)，$$

$$S_{\triangle ABC}=\frac{1}{2}\begin{vmatrix}0 & 1 & 1\\0 & 0 & 1\\1 & 0 & 1\end{vmatrix}=\frac{1}{2}。$$

用反证法。假设前三个三角形的面积都大于 $\frac{1}{4}S_{\triangle ABC}$，则有

$$S_{\triangle AML}\cdot S_{\triangle MBK}\cdot S_{\triangle KCL}>\left(\frac{1}{4}S_{\triangle ABC}\right)^3，$$

即
$$abc(1-a)(1-b)(1-c)>\left(\frac{1}{4}\right)^3。\tag{1}$$

但因为　$a(1-a)-\frac{1}{4}=a-a^2-\frac{1}{4}$

$$=-\left(a^2-a+\frac{1}{4}\right)=-\left(a-\frac{1}{2}\right)^2\leqslant 0,$$

所以　　　$a(1-a)\leqslant\frac{1}{4}$,

同理，　　$b(1-b)\leqslant\frac{1}{4}$,　$c(1-c)\leqslant\frac{1}{4}$,

与(1)矛盾，命题得证。

例 3.17　AC，CE 是正六边形 $ABCDEF$ 的两条对角线，点 M，N 分别内分 AC，CE(如图 3.31)，使

$$\frac{AM}{AC}=\frac{CN}{CE}=r,$$

如果 B，M，N 三点共线，求 r。（第 6 届国际数学奥林匹克试题）

分析　可没法由点 A，C 的坐标及已知比值 r 表示出点 M 的坐标，由点 C，E 的坐标及已知比值 r 表示出点 N 的坐标。再由 B，M，N 三点共线的条件，可得关于 r 的一个方程，从而解出 r。

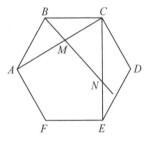

图 3.31

解　先求出用 r 表示的点 M 内分 AC 的比$\frac{AM}{MC}$及点 N 内分 CE 的比$\frac{CN}{NE}$。

由$\frac{AM}{AC}=\frac{AM}{AM+MC}=r$ 得$\frac{AM+MC}{AM}=1+\frac{MC}{AM}=\frac{1}{r}$,

于是

$$\frac{MC}{AM}=\frac{1}{r}-1=\frac{1-r}{r},\qquad\frac{AM}{MC}=\frac{r}{1-r}。$$

由$\frac{CN}{CE}=\frac{CN}{CN+NE}=r$ 得$\frac{CN+NE}{CN}=1+\frac{NE}{CN}=\frac{1}{r}$,

于是

$$\frac{NE}{CN}=\frac{1}{r}-1=\frac{1-r}{r}, \qquad \frac{CN}{NE}=\frac{r}{1-r}。$$

如果点 A，C，E 的坐标比较简单，则分点 M，N 的坐标也简单；如果点 B 的坐标比较简单，则由 B，M，N 三点共线的条件得到的方程也会比较简单。选择什么样的坐标系可以使正六边形的各个顶点的坐标比较简单呢？我们用斜角坐标系试一试。

取正六边形的中心 O 为坐标原点，射线 OD 为 x 轴正半轴，点 D 的坐标为 $(1, 0)$，射线 OC 为 y 轴正半轴，点 C 的坐标为 $(0, 1)$，如图 3.32。于是有 $A(-1, 0)$，$B(-1, 1)$，$F(0, -1)$，$E(1, -1)$。

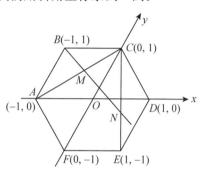

图 **3.32**

由分比 $\dfrac{AM}{MC}=\dfrac{r}{1-r}$，应用定比分点公式可得分点 M 的坐标为 $(r-1, r)$.

同理，由分比 $\dfrac{CN}{NE}=\dfrac{r}{1-r}$，可算得分点 N 的坐标为 $(r, 1-2r)$.

由 B，M，N 三点共线得

$$\begin{vmatrix} -1 & 1 & 1 \\ r-1 & r & 1 \\ r & 1-2r & 1 \end{vmatrix}=0,$$

将行列式展开，计算可得

$$-3r^2+1=0,$$

解得 $r=\pm\dfrac{\sqrt{3}}{3}$，因 M，N 是内分点，所以将负值舍去。

故本题答案为 $r=\dfrac{\sqrt{3}}{3}$。

在上面几个例题中，如果我们选取笛氏直角坐标系，则所涉及的点的坐标就不会如此简单，从而会给解题计算带来麻烦。当然，并不是所有的题选取斜角坐标系或仿射坐标系都能带来方便，例如与距离或垂直有关的问题，用斜角坐标系比用直角坐标系反而会麻烦得多。只有对于只涉及定比分点、一直线上的线段的比、平行、平行线段的比、三点共线、三线共点、三角形面积比等这一类问题时，选取斜角坐标系(或仿射坐标系)才会带来方便。

习题 7

1. 在 $\triangle ABC$ 中，D，E 分别在边 BC 与 CA 上，$BD=\dfrac{1}{3}BC$，$CE=\dfrac{1}{3}CA$，AD 与 BE 交于 G。求证 $GD=\dfrac{1}{7}AD$，$CE=\dfrac{4}{7}BE$。

2. 在已知 $\triangle ABC$ 三边 BC，CA，AB 上各取一点 D，E，F，使 $\dfrac{BD}{DC}=\dfrac{CE}{EA}=\dfrac{AF}{FB}=\dfrac{1}{2}$，$AD$ 交 BE 于 C'，BE 交 CF 于 A'，CF 交 AD 于 B'，求 $\triangle DEF$ 与 $\triangle ABC$ 面积之比及 $\triangle A'B'C'$ 与 $\triangle ABC$ 面积之比。

3. 用斜角坐标系(仿射坐标系)证明塞瓦定理：设 P，Q，R 分别是 $\triangle ABC$ 三边 BC，CA，AB 或其延长线上的点，则 AP，BQ，CR 三线共点的充要条件是 $\dfrac{BP}{PC}\cdot\dfrac{CQ}{QA}\cdot\dfrac{AR}{RB}=1$。

§3.3　旋转与复数

先看下面这道解析几何题。

已知定点 $A(2, 0)$，Q 为抛物线 $y^2 = 4x$ 上的动点，将线段 AQ 绕点 A 沿顺时针方向旋转 $90°$ 到 AP，求点 P 的轨迹。

我们从分析动点 P 满足的几何条件，得到 $|AP| = |AQ|$ 及 $AP \perp AQ$（如图 3.33）。由抛物线的方程 $y^2 = 4x$ 可设其上动点 Q 的坐标为 $\left(\dfrac{t^2}{4}, t\right)$。设 $P(x,$

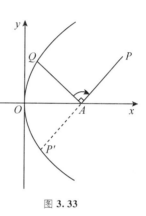

图 3.33

$y)$，已知有 $A(2, 0)$，于是上述两个条件可表示为

$$\begin{cases} \sqrt{(x-2)^2 + y^2} = \sqrt{\left(\dfrac{t^2}{4} - 2\right)^2 + t^2}, \\[3mm] \dfrac{y}{x-2} = -\dfrac{\dfrac{t^2}{4} - 2}{t}。 \end{cases} \quad (1)$$

但是原题中的条件为 AQ 绕点 A 沿"顺时针方向"旋转 $90°$ 到 AP，而在上述条件 $AP \perp AQ$ 中，并未反映出这一点。图 3.33 中的 P' 也满足上述两条要求，但 P' 并不满足原题要求。因此从方程组(1)中消去参数 t，所得到的并不是所求点 P 的轨迹。

凡是在问题中出现旋转方向时，都会遇到这个困难。如何克服这个困难呢？我们首先想到了极坐标。因为极坐标(ρ, θ)包括极径 ρ 和极角 θ，且极角 θ 是有方向的，逆时针方向为正，顺时针方向为负，因此摆脱上述困难的办法之一是使用极坐标。但是本题

给出的是平面直角坐标系中的方程，要把它转换成极坐标系中的
方程，运算有时也较繁杂。

有没有别的办法呢？我们想起了复数。复平面上复数的向量
表示与三角表示 $z=r(\cos\theta+i\sin\theta)$，这里 r 是模，θ 是辐角，辐角
θ 也是有方向的，逆时针方向为正，顺时针方向为负。又因为复平
面与直角坐标平面是一致的，所以换算很方便，因此，使用复数
也是摆脱上述困难的办法之一。

为了应用复数来解解析几何题，我们先把复数中常用的运算
温习一下，特别是要熟悉这些运算的几何意义。

复数是形如 $a+bi$ 的数，这里 a，b 是实数，分别称为复数的
实部和虚部，$i^2=-1$，i 称为虚数单位。当 $b=0$ 时，该复数就是
实数；当 $b\neq0$ 时，该复数称为虚数，特别地，当 $a=0$，$b\neq0$ 时称
为纯虚数。两复数相等是指它们的实部和虚部分别相等，即

$$a+bi=c+di\Leftrightarrow a=c，b=d，$$
$$a+bi=0\Leftrightarrow a=0，b=0。$$

由于每一个复数 $z=a+bi$ 都由其实部
和虚部唯一决定，也就是由一对有顺
序的实数 $(a，b)$ 唯一决定，因此，我们
就用平面直角坐标系中的点 $P(a，b)$ 来
表示复数 $z=a+bi$，这个平面称为复平
面，x 轴叫实轴，y 轴（除去原点）叫虚
轴，实轴上的点表示实数，虚轴上的
点表示纯虚数（如图 3.34）。由于平面

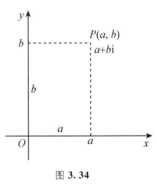

图 **3.34**

内的点 P 又与以原点 O 为起点，P 为终点的向量 $\overrightarrow{OP}$ 互相唯一决
定，因此，复数 $z=a+bi$ 也与以原点 O 为起点，$P(a，b)$ 为终点

的向量$\overrightarrow{OP}$互相唯一决定，于是我们也用向量$\overrightarrow{OP}$来表示复数 $z=a+bi$（如图 3.35）。为了应用方便，我们常常把复数 $z=a+bi$ 说成是点 P，或者说成是向量$\overrightarrow{OP}$，用点 P 和向量$\overrightarrow{OP}$表示的复数有时也记为 z_P 和 $z_{\overrightarrow{OP}}$。

我们把表示复数 $z=a+bi$ 的向量$\overrightarrow{OP}$的模（长度）r 叫作这个复数的模，于是 $r=|\overrightarrow{OP}|=\sqrt{a^2+b^2}$；把从 x 轴正向旋转到$\overrightarrow{OP}$正向所转过的角度 θ 叫作这个复数的辐角（如图 3.35），辐角 θ 逆时针方向为正，顺时针方向为负。由图 3.35可知，任意一个复数 $z=a+bi$ 都可以表示成 $z=r(\cos\theta+i\sin\theta)$，我们把它称为复数的三角表示。

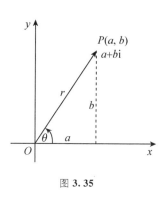

图 3.35

复数的加法、减法和倍积运算可以通过复平面上的向量的加法、减法和倍积运算来进行。设 $z_1=a_1+b_1i=\overrightarrow{OA}$，$z_2=a_2+b_2i=\overrightarrow{OB}$，根据向量加法的平行四边形法则，$\overrightarrow{OA}$与$\overrightarrow{OB}$的和是以$\overrightarrow{OA}$，$\overrightarrow{OB}$为邻边的平行四边形的对角线向量$\overrightarrow{OC}$，于是 $z_1+z_2=\overrightarrow{OA}+\overrightarrow{OB}=\overrightarrow{OC}$（如图

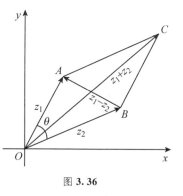

图 3.36

3.36）。$\overrightarrow{OA}$减$\overrightarrow{OB}$所得的差是从减向量的终点 B 到被减向量的终点 A 的向量$\overrightarrow{BA}$，于是 $z_1-z_2=\overrightarrow{OA}-\overrightarrow{OB}=\overrightarrow{BA}$。这就是复数加法和减法的几何意义。由此可得 $|z_1+z_2|$ 及 $|z_1-z_2|$ 在几何上分别表示以$\overrightarrow{OA}$（z_1 的向量表示）及$\overrightarrow{OB}$（z_2 的向量表示）为邻边的平行四边形的

两条对角线的长（如图 3.36）。对图 3.36 应用余弦定理可得

$|z_1+z_2|^2+|z_1-z_2|^2$

$=|z_1|^2+|z_2|^2+2|z_1||z_2|\cos\theta+|z_1|^2+|z_2|^2-2|z_1||z_2|\cos\theta$

$=2(|z_1|^2+|z_2|^2)$。

上述结果在几何上说明：平行四边形两对角线长的平方和等于四边长的平方和。这个结果在复数的应用中经常用到。

设 a 为实数，$z=\overrightarrow{OP}$，则 $az=a\overrightarrow{OP}$。当 $a>0$ 时，$a\overrightarrow{OP}$ 与 $\overrightarrow{OP}$ 同向且 $|a\overrightarrow{OP}|=a|\overrightarrow{OP}|$；当 $a<0$ 时，$a\overrightarrow{OP}$ 与 $\overrightarrow{OP}$ 反向，且 $|a\overrightarrow{OP}|=-a|\overrightarrow{OP}|$（如图 3.37）。

对于两个复数相乘，不能用向量表示，那么它的几何意义是什么呢？

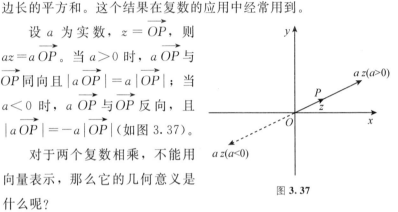

图 3.37

设 $z=x+\mathrm{i}y=\overrightarrow{OP}$，将 $\overrightarrow{OP}$ 绕起点 O 旋转角 φ（规定逆时针方向旋转时 φ 角为正；顺时针方向旋转时 φ 角为负）得 $\overrightarrow{OP'}=z'$。设 z 的模为 r，辐角为 θ，则 z' 的模仍为 r，辐角为 $\theta+\varphi$（如图 3.38）。设 $z'=x'+\mathrm{i}y'$，于是有

$z'=x'+\mathrm{i}y'$

$\quad=r[\cos(\theta+\varphi)+\mathrm{i}\sin(\theta+\varphi)]$

$\quad=r[(\cos\theta\cos\varphi-\sin\theta\sin\varphi)+\mathrm{i}(\sin\theta\cos\varphi+\cos\theta\sin\varphi)]$

$\quad=r(\cos\theta+\mathrm{i}\sin\theta)(\cos\varphi+\mathrm{i}\sin\varphi)$

$\quad=z(\cos\varphi+\mathrm{i}\sin\varphi)$。

也就是说，将表示复数 z 的向量 $\overrightarrow{OP}$ 绕起点旋转角 φ，就等于用复数 $(\cos\varphi+\mathrm{i}\sin\varphi)$ 去乘该复数 z，这样，我们就能用复数的乘

法来表示向量的旋转。上述结论
在解决几何问题时是非常有用的。
特别地，将表示复数 z 的向量绕起
点 旋 转 $\dfrac{\pi}{2}$ 时，就 等 于 z 乘

$\left(\cos\dfrac{\pi}{2}+\mathrm{i}\sin\dfrac{\pi}{2}\right)$，即 z 乘 i；旋转

$-\dfrac{\pi}{2}$ $\left(\text{即顺时针方向旋转}\dfrac{\pi}{2}\right)$ 时，

就等于 z 乘 $-\mathrm{i}$；旋转 $\dfrac{\pi}{4}$ 时，就等

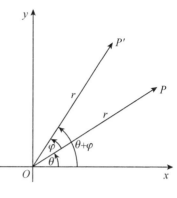

图 3.38

于 z 乘 $\left(\dfrac{\sqrt{2}}{2}+\mathrm{i}\dfrac{\sqrt{2}}{2}\right)$；旋转 $\dfrac{\pi}{3}$ 时，就等于 z 乘 $\left(\dfrac{1}{2}+\mathrm{i}\dfrac{\sqrt{3}}{2}\right)$，等等。对

于这些旋转特殊角的情形，用复数来处理非常方便，更是经常用
到的。

　　从上述关于复数的向量表示和三角表示，以及复数运算——
加减、倍积与乘法的几何意义的分析中，我们猜想，与长度和角
度，特别是与定长度及某些特殊角有关的几何问题，或者说与旋
转有关的几何问题，运用复数作为工具来解决，可能会带来某些
方便。

　　我们先来看一个比较简单的问题，看看如何应用复数工具来
解决。

　　例 3.18　已知正方形 $ABCD$ 的一组对角的顶点为 $A(0，-1)$，
$C(2，5)$，求另一组对角的顶点 B 和 D 的坐标。(1981 年高考文史
类试题)

　　解　先画出以 AC 为一条对角线的正方形 $ABCD$ 的图形，假
设顶点顺序为逆时针方向(如图 3.39)。将坐标平面看成复平面，

点 $A(0，-1)$ 表示的复数为 $z_A=-\mathrm{i}$，点 $C(2，5)$ 表示的复数为 $z_C=2+5\mathrm{i}$，AC 的中点 E 的坐标为 $(1，2)$，于是点 E 表示的复数为 $z_E=1+2\mathrm{i}$。根据复数的向量表示有 $z_A=\overrightarrow{OA}$，$z_C=\overrightarrow{OC}$，$z_E=\overrightarrow{OE}$，于是，$\overrightarrow{EC}=\overrightarrow{OC}-\overrightarrow{OE}=z_C-z_E=(2+5\mathrm{i})-(1+2\mathrm{i})=1+3\mathrm{i}$。要求 B，D 的坐标，只需求出复数 z_B 及 z_D，用向量表示即为 $\overrightarrow{OB}$

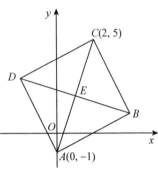

图 **3.39**

及 $\overrightarrow{OD}$。为此需先求出 $\overrightarrow{EB}$ 及 $\overrightarrow{ED}$，由图 3.39 可知，$\overrightarrow{EB}$ 及 $\overrightarrow{ED}$ 可由 $\overrightarrow{EC}$ 绕起点 E 分别沿顺时针方向及逆时针方向旋转 $\dfrac{\pi}{2}$ 得到。根据旋转的复数表示，于是有

$$\overrightarrow{EB}=\left(\overrightarrow{EC}旋转\left(-\frac{\pi}{2}\right)\right)=(1+3\mathrm{i})(-\mathrm{i})=3-\mathrm{i},$$

$$\overrightarrow{ED}=\left(\overrightarrow{EC}旋转\frac{\pi}{2}\right)=(1+3\mathrm{i})(\mathrm{i})=-3+\mathrm{i}。$$

于是　$z_B=\overrightarrow{OB}=\overrightarrow{OE}+\overrightarrow{EB}=(1+2\mathrm{i})+(3-\mathrm{i})=4+\mathrm{i}$，

$z_D=\overrightarrow{OD}=\overrightarrow{OE}+\overrightarrow{ED}=(1+2\mathrm{i})+(-3+\mathrm{i})=-2+3\mathrm{i}。$

得点 $B(4，1)$，$D(-2，3)$。若正方形 $ABCD$ 顶点顺序为顺时针方向，只需在上述结果中将 B 与 D 交换，得 $B(-2，3)$，$D(4，1)$。

现在我们来解决本节开头提出的问题。

例 **3.19**　已知定点 $A(2，0)$，Q 为抛物线 $y^2=4x$ 上的动点，将线段 AQ 绕点 A 沿顺时针方向旋转 $90°$ 到 AP，求动点 P 的轨迹。

解　设抛物线上任一点 $Q(x_0，y_0)$，AQ 绕点 A 沿顺时针方向旋转 $90°$ 到 AP（如图 3.40），设点 $P(x，y)$。把坐标平面看成复平

面，点 A，Q，P 表示的复数依次

为 $z_A=2$，$z_Q=x_0+\mathrm{i}y_0$，

$z_P=x+\mathrm{i}y$，则有

$\overrightarrow{AQ}=z_Q-z_A=(x_0-2)+\mathrm{i}y_0$，

$\overrightarrow{AP}=z_P-z_A=(x-2)+\mathrm{i}y$。

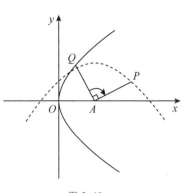

另一方面，AP 是由 AQ 绕 A 沿

顺时针方向旋转 $90°$ 所得，根据旋

转的复数表示有

图 3.40

$$\overrightarrow{AP}=\overrightarrow{AQ}(-\mathrm{i})=[(x_0-2)+\mathrm{i}y_0](-\mathrm{i})$$
$$=y_0-\mathrm{i}(x_0-2)。$$

这两个复数应该相等，因此得

$$\begin{cases} x-2=y_0， \\ y=-x_0+2， \end{cases} \quad 即 \quad \begin{cases} x_0=-(y-2)， \\ y_0=x-2。 \end{cases}$$

又因为 $Q(x_0，y_0)$ 在已知抛物线 $y^2=4x$ 上，所以有 $y_0^2=4x_0$。将

上述结果代入得

$$(x-2)^2=-4(y-2)，$$

它表示一条抛物线，顶点在 $(2，2)$，对称轴平行于 y 轴，开口朝

向 y 轴的负向，该抛物线（即点 P 的轨迹）如图 3.40 中的虚线

所示。

　　从上例可以看出，在解决与旋转有关的问题时，复数确是一

个方便且有效的工具。

　　例 3.20　分别以△ABC 的三边为底边作三个相似的等腰三角

形 ABC'，CBA' 及 ACB'（如图 3.41），求证：四边形 $A'CB'C'$ 是平

行四边形。

　　分析　要证四边形 $A'CB'C'$ 为平行四边形，只需证明其两组对

边分别互相平行，或者一组对边平行且
相等即可。后者若用向量表示，即为
$\overrightarrow{A'C'}=\overrightarrow{CB'}$。把坐标平面看成复平面，
$\overrightarrow{AB}$表示的复数记为$z_{\overrightarrow{AB}}$。

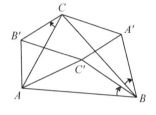

图 3.41

证 由$\triangle ABC' \backsim \triangle CBA' \backsim \triangle ACB'$，
得

$$\frac{BC'}{BA}=\frac{BA'}{BC}=\frac{CB'}{CA}。$$

设这个比值为 p，这三个等腰三角形的底角皆相等，设为 α。于是
$\overrightarrow{BC'}$可以看成由 $p\overrightarrow{BA}$绕点 B 沿顺时针方向旋转 α 角所得（如图
3.41），我们用复数运算来表示这个旋转：

$$z_{\overrightarrow{BC'}}=pz_{\overrightarrow{BA}}[\cos(-\alpha)+i\sin(-\alpha)],$$

同理，

$$z_{\overrightarrow{BA'}}=pz_{\overrightarrow{BC}}[\cos(-\alpha)+i\sin(-\alpha)],$$

$$z_{\overrightarrow{CB'}}=pz_{\overrightarrow{CA}}[\cos(-\alpha)+i\sin(-\alpha)]。$$

要证$\overrightarrow{A'C'}=\overrightarrow{CB'}$，只需证明 $z_{\overrightarrow{A'C'}}=z_{\overrightarrow{CB'}}$ 即可。因 为$\overrightarrow{A'C'}=\overrightarrow{BC'}-\overrightarrow{BA'}$，所以

$$z_{\overrightarrow{A'C'}}=z_{\overrightarrow{BC'}}-z_{\overrightarrow{BA'}}$$

$$=pz_{\overrightarrow{BA}}[\cos(-\alpha)+i\sin(-\alpha)]-pz_{\overrightarrow{BC}}[\cos(-\alpha)+i\sin(-\alpha)]$$

$$=p(z_{\overrightarrow{BA}}-z_{\overrightarrow{BC}})[\cos(-\alpha)+i\sin(-\alpha)]$$

$$=pz_{\overrightarrow{CA}}[\cos(-\alpha)+i\sin(-\alpha)]=z_{\overrightarrow{CB'}}。$$

由此得$\overrightarrow{A'C'}=\overrightarrow{CB'}$，即四边形 $A'CB'C'$ 的一组对边 $A'C'$ 与 CB'平行
且相等，所以四边形 $A'CB'C'$为平行四边形。

例 3.21 如图 3.42 所示，已知正方形 $A_1B_1C_1D_1$ 在正方形
$ABCD$ 内部，且 A_2，B_2，C_2，D_2 分别是线段 AA_1，BB_1，CC_1，
DD_1 的中点。求证四边形 $A_2B_2C_2D_2$ 亦为正方形。

　　分析　要证一个四边形为正方形，需要证明其四边等长且邻边互相垂直，即要证明其相邻两边中一边绕端点旋转 $90°$ 即得另一边。因此想到用复数工具来证明。

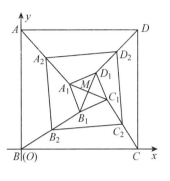

图 **3.42**

　　证　建立平面直角坐标系如图 3.42 所示，各点坐标分别为 $A(0,1)$，$B(0,0)$，$C(1,0)$，$D(1,1)$。设正方形 $A_1B_1C_1D_1$ 的对角线交于 $M(a,b)$，且 $A_1(c,d)$。把坐标平面看成复平面，点 M 表示的复数记为 $z_M=a+b\mathrm{i}$，向量 $\overrightarrow{MA_1}$ 表示的复数记为

$$z_{\overrightarrow{MA_1}}=z_{A_1}-z_M=(c-a)+(d-b)\mathrm{i}。$$

　　因为 $A_1B_1C_1D_1$ 为正方形，由图 3.42 知 $\overrightarrow{MB_1}$ 是由 $\overrightarrow{MA_1}$ 绕 M 沿逆时针方向旋转 $90°$ 得到的，于是有

$$z_{\overrightarrow{MB_1}}=z_{\overrightarrow{MA_1}}\cdot\mathrm{i}=-(d-b)+(c-a)\mathrm{i}，$$

而 $z_{\overrightarrow{MB_1}}=z_{B_1}-z_M$，所以

$$z_{B_1}=z_M+z_{\overrightarrow{MB_1}}=a+b\mathrm{i}-(d-b)+(c-a)\mathrm{i}$$
$$=(a+b-d)+(b+c-a)\mathrm{i}，$$

同理，

$$z_{\overrightarrow{MC_1}}=-(c-a)-(d-b)\mathrm{i}，$$
$$z_{C_1}=(2a-c)+(2b-d)\mathrm{i}，$$
$$z_{\overrightarrow{MD_1}}=(d-b)-(c-a)\mathrm{i}，$$
$$z_{D_1}=(a-b+d)+(b-c+a)\mathrm{i}。$$

由 A_2 是 AA_1 的中点有

$$z_{A_2} = \frac{z_A + z_{A_1}}{2} = \frac{1}{2}[c + (1+d)\mathrm{i}],$$

同理，$z_{B_2} = \dfrac{1}{2}[(a+b-d) + (b+c-a)\mathrm{i}]$,

$$z_{C_2} = \frac{1}{2}[(1+2a-c) + (2b-d)\mathrm{i}],$$

$$z_{D_2} = \frac{1}{2}[(1+a-b+d) + (1+b-c+a)\mathrm{i}]_\circ$$

于是　$z_{\overrightarrow{A_2B_2}} = z_{B_2} - z_{A_2} = \dfrac{1}{2}[(a+b-c-d) + (-1-a+b+c-d)\mathrm{i}]$,

$$z_{\overrightarrow{B_2C_2}} = z_{C_2} - z_{B_2} = \frac{1}{2}[(1+a-b-c+d) + (a+b-c-d)\mathrm{i}],$$

$$z_{\overrightarrow{C_2D_2}} = z_{D_2} - z_{C_2} = \frac{1}{2}[(-a-b+c+d) + (1+a-b-c+d)\mathrm{i}],$$

$$z_{\overrightarrow{D_2A_2}} = z_{A_2} - z_{D_2} = \frac{1}{2}[(-1-a+b+c-d) + (-a-b+c+d)\mathrm{i}]_\circ$$

考察相邻两边 A_2B_2 和 A_2D_2，由比较向量 $\overrightarrow{A_2B_2}$ 和 $\overrightarrow{A_2D_2}$ 的复数表示得

$$z_{\overrightarrow{A_2B_2}} \cdot \mathrm{i} = -z_{\overrightarrow{D_2A_2}} = z_{\overrightarrow{A_2D_2}},$$

说明边 A_2D_2 可以看成是边 A_2B_2 绕点 A_2 沿逆时针方向旋转 $90°$ 得到的，于是有 $|A_2D_2| = |A_2B_2|$ 且 $A_2D_2 \perp A_2B_2$。同理有

$$z_{\overrightarrow{B_2C_2}} \cdot \mathrm{i} = z_{\overrightarrow{B_2A_2}}, \quad z_{\overrightarrow{C_2D_2}} \cdot \mathrm{i} = z_{\overrightarrow{C_2B_2}}, \quad z_{\overrightarrow{D_2A_2}} \cdot \mathrm{i} = z_{\overrightarrow{D_2C_2}},$$

即 $|B_2A_2| = |B_2C_2|$，$B_2A_2 \perp B_2C_2$，$|C_2B_2| = |C_2D_2|$，

$C_2B_2 \perp C_2D_2$，$|D_2C_2| = |D_2A_2|$，$D_2C_2 \perp D_2A_2$。

所以 $|A_2B_2| = |B_2C_2| = |C_2D_2| = |D_2A_2|$

且　　　　　　　　$A_2B_2 \perp B_2C_2 \perp C_2D_2 \perp D_2A_2$,

因此四边形 $A_2B_2C_2D_2$ 为正方形。

请读者思考，本题已知条件中的正方形 $A_1B_1C_1D_1$ 在正方形

ABCD 内部，"在内部"这个条件能去掉吗？图 3.42 中所画正方形 $A_1B_1C_1D_1$ 与正方形 ABCD 的顶点顺序相同。试问若顶点顺序不同，本题仍成立吗？

例 3.22　在△ABC 外边作正方形 ABEF 及正方形 ACGH（如图 3.43），求证：△ABC 的高 AD 所在的直线平分线段 FH；△ABC 的中线 $AM = \frac{1}{2}FH$。

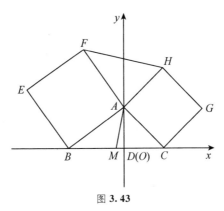

图 3.43

分析　要证线段 FH 被高 AD 所在的直线平分，即证 FH 的中点在 AD 所在的直线上，因此该直线的方程越简单越好。为此建立坐标系如图 3.43 所示，使高 AD 所在的直线为 y 轴，BC 所在的直线为 x 轴。设有 $B(b, 0)$，$C(c, 0)$，$A(0, a)$，$D(0, 0)$，要求 FH 的中点，需求出 F 及 H 的坐标。已知四边形 ABEF 为正方形及顶点 A，B 的坐标，要求顶点 F 的坐标，用复数最方便。

把坐标平面看成复平面，点 A 表示的复数记为 $z_A = ai$，$\overrightarrow{AB}$ 表示的复数记为 $z_{\overrightarrow{AB}} = z_B - z_A = b - ai$。$\overrightarrow{AB}$ 绕 A 点沿顺时针方向旋转 $90°$ 得 $\overrightarrow{AF}$，用复数表示为

$$z_{\overrightarrow{AF}} = z_{\overrightarrow{AB}} \cdot (-i) = (b - ai)(-i) = -a - bi,$$

由 $\overrightarrow{z_{AF}}=z_F-z_A$ 得

$$z_F=z_A+\overrightarrow{z_{AF}}=ai-a-bi=-a+(a-b)i,$$

于是得 $F(-a,\ a-b)$。同理，

$$\overrightarrow{z_{AC}}=c-ai,\quad \overrightarrow{z_{AH}}=\overrightarrow{z_{AC}}\cdot i=(c-ai)i=a+ci,$$

$$z_H=z_A+\overrightarrow{z_{AH}}=ai+(a+ci)=a+(a+c)i,$$

于是得 $H(a,\ a+c)$。故有线段 FH 的中点横坐标为零，即该中点
在 y 轴上，也即高 AD 所在的直线平分线段 FH。

又因为 BC 的中点为 $M\left(\dfrac{b+c}{2},\ 0\right)$，故

$$|AM|=\sqrt{\left(\frac{b+c}{2}\right)^2+a^2},$$

而　　$\dfrac{1}{2}|FH|=\dfrac{1}{2}\sqrt{[a-(-a)]^2+[(a+c)-(a-b)]^2}$

$$=\frac{1}{2}\sqrt{(2a)^2+(b+c)^2}=\sqrt{a^2+\left(\frac{b+c}{2}\right)^2},$$

所以 $AM=\dfrac{1}{2}FH$。

例 3.23　平面上两个正三角形 ABC 及 $A_1B_1C_1$（顶点顺序按逆
时针方向），边 BC 与 B_1C_1 的中点重合于 O，求 AA_1 与 CC_1 的夹
角及 $|AA_1|:|CC_1|$。

分析　这是关于两个正三角形之间的关系的问题，因为是正
三角形，它的一边可以由另一边通过旋转 $\dfrac{\pi}{3}$ 而得到。因此运用复
数工具可能会带来方便。

解　如图 3.44 所示，以边 BC 为 x 轴，BC 的中点 O 为原点，
建立平面直角坐标系。设 $B(-a,\ 0)$，$C(a,\ 0)$，于是有 $A(0,\ \sqrt{3}a)$。
把坐标平面看成复平面，点 A 表示的复数（即向量 $\overrightarrow{OA}$ 表示的复数）

记为 $z_A = z_{\overrightarrow{OA}} = \sqrt{3}ai$。设点 C_1 表

示的复数为 z_{C_1} 即 $z_{\overrightarrow{OC_1}}$。因为 $\overrightarrow{OA_1}$

可以看成是由 $\sqrt{3}\,\overrightarrow{OC_1}$ 绕点 O 沿

逆时针方向旋转 $90°$ 得到的，于

是有

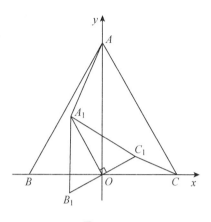

$$z_{\overrightarrow{OA_1}} = \sqrt{3}z_{\overrightarrow{OC_1}}(i) = \sqrt{3}z_{C_1}i,$$
$$z_{\overrightarrow{AA_1}} = z_{\overrightarrow{OA_1}} - z_{\overrightarrow{OA}} = z_{A_1} - z_A$$
$$= \sqrt{3}z_{C_1}i - \sqrt{3}ai$$
$$= \sqrt{3}(z_{C_1} - a)i,$$
$$z_{\overrightarrow{CC_1}} = z_{\overrightarrow{OC_1}} - z_{\overrightarrow{OC}} = z_{C_1} - z_C = z_{C_1} - a。$$

图 3.44

比较 $z_{\overrightarrow{AA_1}}$ 与 $z_{\overrightarrow{CC_1}}$ 的表示式，可知 $\overrightarrow{AA_1}$ 是 $\sqrt{3}$ 倍的 $\overrightarrow{CC_1}$ 绕起点沿逆时针

方向旋转 $90°$ 所得，因此有 $\overrightarrow{AA_1} \perp \overrightarrow{CC_1}$ 且 $|\overrightarrow{AA_1}| = \sqrt{3}|\overrightarrow{CC_1}|$，即

$$AA_1 \perp CC_1, \quad \frac{|AA_1|}{|CC_1|} = \sqrt{3}。$$

例 3.24　$\triangle ABC$ 和 $\triangle ADE$ 是两个不全等的等腰直角三角形

（如图 3.45），现固定 $\triangle ABC$，而将 $\triangle ADE$ 绕点 A 在平面上旋转，

试证：不论 $\triangle ADE$ 旋转到什么位置，线段 EC 上必存在一点 M，

使 $\triangle BMD$ 为等腰直角三角形。（1987 年全国高中数学联赛试题）

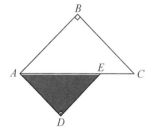

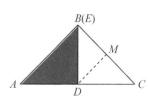

图 3.45　　　　　　　图 3.46

分析　先猜一猜点 M 可能是 EC 上的哪一点？猜出以后再给出证明，这就是"先猜后证"。猜想的一般方法是考虑某个特殊情形或极端情形。考虑图 3.46，若 AE 与 AB 重合，于是 AD 落在 AC 上，且 D 恰为 AC 的中点，这时 EC（即 BC）的中点 M 使 $\triangle BMD$ 为等腰直角三角形。于是我们猜想：对于 $\triangle ADE$ 所转到的任何位置，EC 的中点 M 总可使 $\triangle BMD$ 为等腰直角三角形。

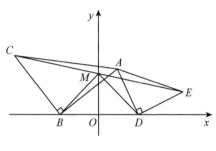

因为等腰直角三角形的一腰，可以看作是由另一腰旋转 $90°$ 得到的，因此采用复数工具可能较为方便。

图 3.47

证　对于 $\triangle ADE$ 的任一位置，如图 3.47 所示，取 BD 所在直线为 x 轴，BD 中点 O 为坐标原点，建立平面直角坐标系。设 $D(1,0)$，$B(-1,0)$。把坐标平面看成复平面，则 $z_D = 1$，$z_B = -1$，设点 A 表示的复数为 z_A，因为 $\overrightarrow{BC}$ 可以看成是由 $\overrightarrow{BA}$ 绕点 B 沿逆时针方向旋转 $90°$ 得到的，于是

$$z_{\overrightarrow{BC}} = z_{\overrightarrow{BA}} \cdot i = (z_A - z_B)i = (z_A + 1)i,$$

因为 $z_{\overrightarrow{BC}} = z_C - z_B$，所以

$$z_C = z_B + z_{\overrightarrow{BC}} = -1 + (z_A + 1)i。$$

$\overrightarrow{DE}$ 可以看成是由 $\overrightarrow{DA}$ 绕 D 沿顺时针方向旋转 $90°$ 得到的，于是

$$z_{\overrightarrow{DE}} = z_{\overrightarrow{DA}}(-i) = (z_A - z_D)(-i) = -(z_A - 1)i,$$

由 $z_{\overrightarrow{DE}} = z_E - z_D$ 得

$$z_E = z_D + z_{\overrightarrow{DE}} = 1 - (z_A - 1)i。$$

考察 CE 的中点 M，

$$z_M=\frac{1}{2}(z_C+z_E)=\frac{1}{2}\big[-1+(z_A+1)\mathrm{i}+1-(z_A-1)\mathrm{i}\big]=\mathrm{i},$$

即点 $M(0，1)$，也即点 M 在 y 轴上，且 $|OM|=1$，因为已有 $B(-1，0)$，$D(1，0)$，所以 $|BM|=|DM|$，且 $BM\perp DM$，即对于 EC 的中点 M，$\triangle BMD$ 是等腰直角三角形。

上面我们举了几个用复数做工具来解几何题的例子，由此可见，特别是在处理有关旋转的问题，或者可以看成是与旋转有关的问题（例如涉及正方形、矩形、正三角形、等腰三角形的问题）时，用复数工具可能是方便的。反过来，根据复数及其运算的几何意义，我们也可以应用解析几何来解某些复数问题。

例 3.25　已知 $|z-\mathrm{i}|\leqslant1$，$z\in\mathbf{C}$（复数集），求复数 $z-2+3\mathrm{i}$ 的模的最大值和最小值。

解　把坐标平面看成复平面，满足条件 $|z-\mathrm{i}|\leqslant1$ 的复数 z 所表示的点集合是以点 $D(0，1)$ 为圆心，半径为 1 的圆面（如图 3.48）。而模

$$|z-2+3\mathrm{i}|=|z-(2-3\mathrm{i})|$$

则表示上述圆面上的点到定点 $A(2，-3)$

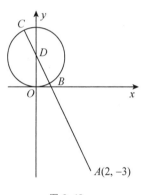

图 3.48

的距离。于是本题的几何意义是：求圆面上的点到定点 A 的最大距离及最小距离。由几何知，若 A 与圆心 D 的连线 AD 与圆周的两个交点为 B 及 C，则由图 3.48 得 $|AB|$ 为所求最小距离，$|AC|$ 为最大距离。因为圆的半径为 1，所以

$$|AB|=|AD|-1，\quad|AC|=|AD|+1。$$

由 $|AD|=2\sqrt{5}$ 得

$$|AB|=2\sqrt{5}-1，\quad|AC|=2\sqrt{5}+1。$$

即 $|z-2+3\mathrm{i}|$ 的最大值为 $2\sqrt{5}+1$，最小值为 $2\sqrt{5}-1$。

习题 8

1. 已知正三角形 ABC 的顶点 $A(a，0)$ 为定点，顶点 B 在 y 轴上移动，求顶点 C 的轨迹方程。

2. P 为椭圆 $\dfrac{x^2}{a^2}+\dfrac{y^2}{b^2}=1$ 上任一点，以 OP 为边作矩形 $OPQR$（顶点顺序按逆时针方向），使 $OR=2OP$，求动点 R 的轨迹方程。

3. 已知半圆 $x^2+y^2=1(y\geqslant 0)$ 和定点 $A(-2，0)$，设 B 为半圆上的动点，以 AB 为一边在上半平面作正方形 $ABCD$，求正方形 $ABCD$ 的中心 P 的轨迹方程。

4. 以平行四边形的每一边为边向外作正方形，求证：以这四个正方形的中心为顶点的四边形也是一个正方形。

5. 已知 z 满足 $|z-3-4i|\leqslant 2$，求 $|z+1|^2+|z-1|^2$ 的最大值和最小值。

§3.4　反用解析几何——用解析几何方法解某些代数问题

同代数相比，几何图形总给人以生动直观的形象，通过几何图形，我们可以更直接地掌握研究对象各部分之间的具体关系。通过几何的学习，我们要努力养成注意从几何直观上思考问题的思维习惯，这一思维习惯不仅是学习几何学科所需要的，而且对数学其他各个分科的学习和研究，也具有十分重要的意义。正如苏联著名数学家柯尔莫哥洛夫院士所说的："在只要有可能的地方，数学家总是力求把他们所研究的问题尽量地变成可借用的几何直观问题……几何想象，或者如平常人们所说的'几何直觉'，对于几乎所有数学分科的研究工作，甚至对于最抽象的工作，有着重大的意义。"

图 3.49

我们要感谢解析几何的创始人、杰出的哲学家和数学家笛卡儿，他把原本是互相分离的两大学科代数和几何结合起来，将代数方法应用于几何，创立了几何研究的新方法——解析几何，对近代数学的发展起了很大的推动作用。笛卡儿通过坐标系，将几何中的曲线用代数中的方程表示出来，从而把几何问题变成代数问题来研究。在这里，坐标系是几何与代数之间转换的桥梁。通过坐标系，平面上的点与有序实数对 (x, y) 建立起对应关系，于是平面上的曲线作为点的运动轨迹可用 x, y 的方程表示。解析几何开创了数形结合的新局面。在解析几何创立之前，二元一次方程例如 $x+y=1$，只是代数中的一个不定方程，它没有确定的解，单独这一个方程意义不大，它只有和另一个二元方程联立组成方程组时才有意义。解析几何创立以后，用解析几何的眼光，或者说戴上"笛卡儿眼镜"再来看二元一次方程 $x+y=1$，它就是某个坐标系中的一条确定的直线了。原先，直线就是直线，二元一次方程就是二元一次方程，现在在解析几何里，二者联系在一起了，形与数结合在一起了，连接它们的桥梁就是坐标系，于是形的问题可以通过数来研究解决，这就是解析几何。

作为哲学家的笛卡儿，对于研究问题的方法论特别重视，他不会不考虑解析几何的反作用，也就是说，既然形数结合在一起了，可以通过数来研究形，那么，也就应该可以通过形来研究数——桥梁总是双向通行的。坐标系作为连接几何和代数间的桥梁，它既然能从几何通向代数，当然也应该能从代数通向几何，具体说，也就是代数方程也应该可以直观地看成是某个坐标系中的曲线，从而运用几何方法解决某些代数问题。

笛卡儿在他的《几何学》中，创立了解析几何的基本方法——通过坐标系用方程来描述曲线，进而用代数方法来研究几何问题。在这之后，他还给出了利用抛物线和圆的交点来求三次和四次代数方程的实根的卓越的方法，后人把这个方法称为笛卡儿方法，它开创了用解析几何方法解决代数问题的先例。

下面我们就来介绍解三次和四次代数方程的笛卡儿方法，看一看笛卡儿是如何创造性地把解析几何用于研究解决代数问题的。我们使用的是简短的而且更接近于现代的叙述，但基本思想是笛卡儿的。

首先，我们指出，解任意一个三次和四次代数方程，都可以化成解如下形式的四次方程：

$$x^4 + px^2 + qx + r = 0 。 \tag{1}$$

这是因为，对于任意一个三次方程

$$z^3 + az^2 + bz + c = 0 ，$$

只要令 $z = x - \dfrac{a}{3}$，就可以得到

$$\left(x - \frac{a}{3}\right)^3 + a\left(x - \frac{a}{3}\right)^2 + b\left(x - \frac{a}{3}\right) + c = 0 ，$$

把上式展开，去括号，合并同类项，由于 x^2 项的系数互相抵消，我们得到

$$x^3 + px + q = 0 ，$$

这个方程各项乘 x，使它增加一个根 $x_4 = 0$，我们就得到形如(1)的方程，其中 $r = 0$。

对于四次方程

$$z^4 + az^3 + bz^2 + cz + d = 0 ，$$

只要令 $z = x - \dfrac{a}{4}$，就可得到

$$\left(x - \frac{a}{4}\right)^4 + a\left(x - \frac{a}{4}\right)^3 + b\left(x - \frac{a}{4}\right)^2 + c\left(x - \frac{a}{4}\right) + d = 0 ，$$

把上式展开，去括号，合并同类项，由于 x^3 项的系数互相抵消，我们就得到形如(1)的方程。

如何来解形如(1)的四次方程呢?

笛卡儿考虑以点(a, b)为中心,R为半径的圆

$$(x-a)^2 + (y-b)^2 = R^2$$

与抛物线

$$y = x^2$$

的交点,即解方程组

$$\begin{cases} x^2 + y^2 - 2ax - 2by + a^2 + b^2 - R^2 = 0, \\ y = x^2 \, . \end{cases}$$

将第二个方程代入第一个方程,得到 x 的四次方程

$$x^4 + (1-2b)x^2 - 2ax + a^2 + b^2 - R^2 = 0 \, .$$

如果选取 a,b,R 使

$$1 - 2b = p, \quad -2a = q, \quad a^2 + b^2 - R^2 = r,$$

则我们得到的正是方程(1)。为此只需取

$$a = -\frac{q}{2}, \quad b = \frac{1-p}{2}, \quad R^2 = \frac{q^2}{4} + \frac{(1-p)^2}{4} - r, \tag{2}$$

在方程(1)有实根的情形下,上述 R^2 是正数①。这时方程

————————

① 当方程(1)有实根 x_1 时,有等式

$$x_1^4 + px_1^2 + qx_1 + r = 0,$$

取 $a = -\frac{q}{2}, \quad b = \frac{1-p}{2}, \quad R^2 = \frac{q^2}{4} + \frac{(1-p)^2}{4} - r,$

于是有等式

$$x_1^4 + (1-2b)x_1^2 - 2ax_1 + a^2 + b^2 - R^2 = 0,$$

把 x_1^2 记做 y_1,上述等式可以改写成

$$x_1^2 + y_1^2 - 2ax_1 - 2by_1 + a^2 + b^2 - R^2 = 0,$$

亦即 $(x_1 - a)^2 + (y_1 - b)^2 = R^2 \, .$

这就说明,在方程(1)有实根 x_1 的情况下,数 $R^2 = \frac{q^2}{4} + \frac{(1-p)^2}{4} - r$

是一个正数。

$$(x-a)^2+(y-b)^2=R^2$$

表示圆，且方程(1)的全部实根都是上述圆与抛物线 $y=x^2$ 的交点的横坐标。特别地，当 $r=0$ 时，$R^2=a^2+b^2$，上述圆通过坐标原点，因此它与抛物线 $y=x^2$ 的诸交点中，有一个交点是原点，横坐标为零，即当 $r=0$ 时，方程(1)的诸根中有一个根是零。

　　总之，对于四次方程(1)，由其系数 p，q，r 按公式(2)求出 a，b，R^2。当 $R^2<0$ 时，方程(1)无实根；当 $R^2\geqslant0$ 时，若以点 (a,b) 为中心、R 为半径的圆与抛物线 $y=x^2$ 相交，则所有各个交点的横坐标，就给出了方程(1)的全部实根；若上述圆与抛物线 $y=x^2$ 不相交时，则方程(1)无实根。

　　我们来看一个例子。

　　用笛卡儿方法解四次方程

$$x^4-4x^2+x+\frac{5}{2}=0,$$

这里 $p=-4$，$q=1$，$r=\frac{5}{2}$。由公式(2)得到

$$a=-\frac{1}{2},\ b=\frac{5}{2},\ R^2=\frac{1}{4}+\frac{25}{4}-\frac{5}{2}=4。$$

画出以 $\left(-\frac{1}{2},\frac{5}{2}\right)$ 为中心、2 为半径的圆及抛物线 $y=x^2$ 的图形（如图 3.50），图中四个交点的横坐标 x_1，x_2，x_3，x_4，即为上述四次方程的四个实根。

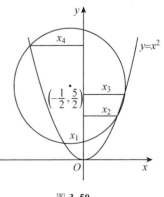

图 3.50

　　笛卡儿用作出圆和抛物线的交点的方法来求三次和四次代数方程的实根，充分说明解析几何自从来

到人世间，就肩负着双重的使命：用代数方法解决几何问题，也可用几何方法解决某些代数问题，即它是一个双刃工具，具有双重的功能。

解析几何的重要性在于它的方法，这个方法的实质，就是通过坐标系，把方程(方程组)同几何对象相对应，使图形的几何关系在其方程的性质中表现出来。把这个方法应用于几何可以将几何问题转化为代数问题来解决，这是解析几何的主要功能，而且这种方法是普通有效的，它已经成为几何学研究中的一个基本方法了。把这个方法应用于代数，即通过解析几何将代数问题转化为几何问题来解决，这也是解析几何的一个功能。不过在这里，它是碰巧才能奏效的，其前提是把这个代数问题放在坐标系中来考察，看它是否具有某种几何意义，否则就不可能转化为几何问题。例如在上述问题中，笛卡儿把四次方程(1)表示成两个二元二次方程代表的曲线(即圆和抛物线)的交点的横坐标满足的方程，这样就使代数方程(1)具有了生动的几何意义，从而把解四次代数方程的问题转化成求圆和抛物线交点的几何问题。

认识到解析几何具有上述两方面的功能，尤其是注意到它也有把代数问题转化成几何问题来解的功能，对于某些代数题，可以运用几何结果，从而避免繁杂的计算，使解法简捷而漂亮。

现在我们举出若干例子来说明如何运用解析几何方法巧解某些代数题。

例 3.26 已知实数 a，b，c，d，$(a-c)^2+(b-d)^2\neq0$，求证：对于任意实数 m，n 有

$$\sqrt{(a-m)^2+(b-n)^2}+\sqrt{(c-m)^2+(d-n)^2}\geqslant\sqrt{(a-c)^2+(b-d)^2}.$$

$$(1)$$

本题若通过代数运算来解，需要经过两次平方才能去掉根号，肯定很繁。我们转而从几何上来分析，也就是用解析几何的眼光来看待式(1)。具体说，就是把此式放到坐标系中考察，看其是否具有某种几何意义。容易看出，式(1)所包含的三个根式各表示一个两点间的距离。只要把(a, b)，(c, d)及(m, n)分别设为三个点A，B，P的坐标，即设有$A(a, b)$，$B(c, d)$，$P(m, n)$，则代数不等式(1)就转化成几何不等式

$$|AP| + |BP| \geqslant |AB|。 \tag{2}$$

已知条件$(a-c)^2 + (b-d)^2 \neq 0$，说明$|AB| \neq 0$，即A，B两点不重合。从几何可知，当点P不在线段AB上时，式(2)中的大于号成立(如图3.51(a)及(b))；当点P在线段AB上时，式(2)中的等号成立(如图3.51(c))。于是对于所有点P，式(2)成立，即对于任意实数m，n，式(1)成立。

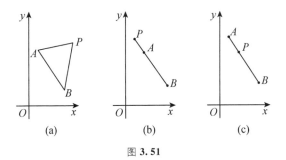

图 3.51

例 3.27　若$0 < x < 1$，$0 < y < 1$，求证

$$\sqrt{x^2+y^2} + \sqrt{x^2+(1-y)^2} + \sqrt{(1-x)^2+y^2} + \sqrt{(1-x)^2+(1-y)^2}$$
$$\geqslant 2\sqrt{2}, \tag{1}$$

并求等式成立的条件。

从几何上来分析，也就是将式(1)放在平面直角坐标系中考察

其是否具有某种几何意义。式(1)左端各项皆表示两点间的距离，如图 3.52 所示，只要设 $O(0, 0)$，$A(1, 0)$，$B(1, 1)$，$C(0, 1)$，$P(x, y)$，就可将代数不等式(1)转化为几何不等式

$$|PO|+|PC|+|PA|+|PB| \geqslant 2\sqrt{2} \, 。 \tag{2}$$

由几何知 $|PO|+|PB| \geqslant |OB| =$
$\sqrt{2}$，$|PC|+|PA| \geqslant |AC| = \sqrt{2}$，
于是不等式(2)成立，因而不等式(1)成立。

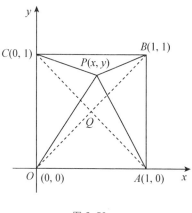

特别地，当点 P 在 OB 上又在 AC 上，即 P 为正方形 $OABC$ 的对角线 OB 与 AC 的交点 Q 时，式(2)中的等号成立，而点 Q 的坐标为 $\left(\dfrac{1}{2}, \dfrac{1}{2}\right)$，因

图 3.52

此当 $x=\dfrac{1}{2}$，$y=\dfrac{1}{2}$ 时，不等式(1)中的等号成立。

在上述两例中，由于式(1)的几何意义比较明显，一眼就能看出，因此只要我们想到从几何上来分析，也就是只要我们想到用解析几何的眼光来看待它们(或者说戴上"笛卡儿眼镜")，代数问题很快就能转化成几何问题获得解决。而如果我们头脑中没有"某些代数问题也可以用解析几何方法来解"这种意识，想不到用解析几何眼光来审视这些代数问题，即使它们有明显的几何意义，也根本不会发现。因此解这类代数问题的关键，首先就在于要想到用解析几何的眼光看待它们，有没有这种意识是大不一样的。

例 3.28 已知 x，y 适合

$$2x-8y-5=0, \tag{1}$$

求函数

$$f(x, y) = \sqrt{(x+2)^2 + (y-1)^2} + \sqrt{(x-5)^2 + (y-5)^2} \quad (2)$$

的最小值。

解 从几何上分析,即用
解析几何眼光审视,方程(1)
表示一条直线 l,x,y 适合(1)
表示点 $P(x, y)$ 在直线 l 上。
式(2)右端表示点 $P(x, y)$ 到
两个定点 $A(-2, 1)$ 及 $B(5,$
$5)$ 的距离之和 $|PA| + |PB|$(如
图 3.53)。于是问题转化为求
已知直线 l 上的点 P 到两定点

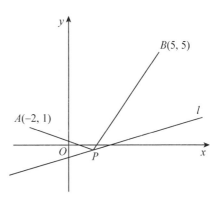

图 **3.53**

A 及 B 的距离之和的最小值。这是一个平面几何问题,借助于平面
几何的知识,可使解法简捷而漂亮(解法详见§2 例 2.7)。

例 3.29 已知 x,y 适合

$$x^2 + y^2 - 6x - 8y + 24 = 0, \quad (1)$$

求函数

$$f(x, y) = 3(x^2 + y^2) \quad (2)$$

的最大值和最小值。

解 从几何上分析,方程(1)表示一个圆 $(x-3)^2 + (y-4)^2 = $
1,圆心在点 $Q(3, 4)$,半径为 1(如图 3.54)。x,y 适合(1)表示
点 $P(x, y)$ 在圆上。式(2)右端表示 OP 长的平方的 3 倍,即
$3|OP|^2$,此外 O 为坐标原点。于是本题转化为求当点 P 在已知圆
(1)上变动时,$3|OP|^2$ 的最大值和最小值。为此,需先求出
$|OP|$ 的最大值和最小值,即求坐标原点 O 与已知圆(1)上的点的

距离的最大值和最小值。连接 O 与圆心 Q，线段 OQ 及其延长线分别交圆于 B 及 A（如图 3.54），则 $|OA|$ 及 $|OB|$ 即为 $|OP|$ 的最大值和最小值（这是因为，对于圆上任意一点 P，$|OA| = |OQ| + |QA| = |OQ| + |QP| \geqslant |OP|$，$|OB| = |OQ| - |QB| = |OQ| - |QP| \leqslant |OP|$）。由 $|OQ| = 5$，$|QA| = |QB| = 1$ 得

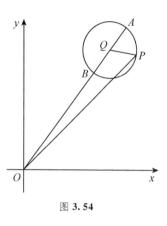

图 3.54

$|OA| = 6$，$|OB| = 4$，所以 $f(x, y)$ 的最大值 $f(x, y)_{\max} = 108$，最小值 $f(x, y)_{\min} = 48$。

在例 3.28 和例 3.29 中，诸代数式的几何意义也是比较明显的，因此只要想到用解析几何的眼光来审视，问题很快就能转化为几何问题获得解决。然而，更多的情形是代数式的几何意义并不明显。

例 3.30　已知实数 a，b，c，d，$(a-c)^2 + (b-d)^2 \neq 0$，对于任意实数 $m \neq -1$，证明：

$$\frac{|ad-bc|}{\sqrt{(c-a)^2+(b-d)^2}} \leqslant \sqrt{\left(\frac{a+mc}{1+m}\right)^2 + \left(\frac{b+md}{1+m}\right)^2}。 \qquad (1)$$

我们用解析几何的眼光来审视式(1)，不能一眼就看出这个不等式的几何意义，怎么办呢？我们首先从式(1)中分离出各个部分，逐个辨认它们的几何意义。由定比分点的坐标公式，容易认出式(1)右端根号内的 $\dfrac{a+mc}{1+m}$ 与 $\dfrac{b+md}{1+m}$ 是分以 $A(a, b)$，$B(c, d)$ 为端点的线段 AB 为定比 m 的分点 M 的坐标，进而认出式(1)右端的整个根式表示坐标原点 O 到上述分点 M 的距离 $|OM|$。再看式(1)

左端的分式，分母是 A，B 两点间的距离 $|AB|$，分子 $|ad-bc|$ 以及整个分式表示什么呢？几何意义很不明显。为了寻求它的几何意义，我们不妨试着画个图来进行分析。在坐标系中先画出线段 AB 及分 AB 为定比 m 的分点 M，连接坐标原点 O 和 AB 上的分点 M（如图 3.55），回忆与线段 OM 的长度有

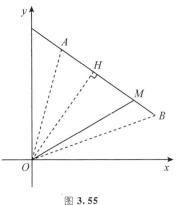

图 **3.55**

关的几何不等式，想到"直线外一点与直线上各点所连线段中以垂线段长度为最短"，于是猜想式（1）左端的分式可能就表示从点 O 向 AB 所作垂线段 OH 之长 $|OH|$。有了这个目标，就可运用解析几何知识，具体求出点 O 到线段 AB 的距离 $|OH|$。注意到 OH 是 $\triangle OAB$ 的边 AB 上的高，$\triangle OAB$ 的面积 $S=\dfrac{1}{2}|AB||OH|$；另一方面，由 $\triangle OAB$ 的顶点 O，A，B 的坐标得 $\triangle OAB$ 的面积

$$S=\frac{1}{2}\begin{vmatrix} 0 & 0 & 1 \\ a & b & 1 \\ c & d & 1 \end{vmatrix} \text{的绝对值即} \frac{1}{2}|ad-bc|;$$

于是得到

$$|OH|=\frac{S}{\frac{1}{2}|AB|}=\frac{|ad-bc|}{\sqrt{(c-a)^2+(b-d)^2}},$$

恰是式（1）左端的分式（也可直接应用点到直线的距离公式来求。已知 $A(a,b)$，$B(c,d)$，于是直线 AB 的方程为 $\dfrac{x-a}{c-a}=\dfrac{y-b}{d-b}$，即 $(d-b)(x-a)-(c-a)(y-b)=0$。点 $O(0,0)$ 到直线 AB 的距离

为$|OH|$，则有

$$|OH| = \frac{|(d-b)(-a)-(c-a)(-b)|}{\sqrt{(c-a)^2+(d-b)^2}} = \frac{|ad-bc|}{\sqrt{(c-a)^2+(b-d)^2}}）。$$

这样代数不等式（1）就转化为几何不等式$|OH| \leqslant |OM|$，而这个不等式在几何上早已被证明了。

上述例子告诉我们，为了看清整个代数表示式所具有的几何意义，有时候需要将原式分离成各个片断，首先认出那些具有明显的几何意义的部分，然后回忆与其有关的几何知识，猜想其整体的几何意义，并据以猜想出其余部分可能具有的几何意义，有了目标以后，再运用解析几何知识通过计算进行验证。

例 3.31 解方程

$$\sqrt{x^2-10\sqrt{3}x+80} + \sqrt{x^2+10\sqrt{3}x+80} = 20。$$

分析 要去根号，需经两次平方才行。我们不妨试一试从几何上来进行分析。

解 先将方程左端根号下的二次三项式配方，得到

$$\sqrt{(x-5\sqrt{3})^2+5} + \sqrt{(x+5\sqrt{3})^2+5} = 20。 \tag{1}$$

再将方程（1）左端有根号的两项表示成两个距离，把 5 看成 y^2，即用方程组

$$\begin{cases} \sqrt{(x-5\sqrt{3})^2+y^2} + \sqrt{(x+5\sqrt{3})^2+y^2} = 20, \\ y^2 = 5 \end{cases} \tag{2}$$

来代替方程（1），而方程组（2）具有明显的几何意义：组中第一个方程表示到两个定点 $(5\sqrt{3}，0)$ 及 $(-5\sqrt{3}，0)$ 距离之和为定数 20 的动点的轨迹，即半长轴 $a=10$，半焦距 $c=5\sqrt{3}$（因而短半轴 $b=5$）的椭圆

$$\frac{x^2}{100}+\frac{y^2}{25}=1;$$

组中第二个方程表示平行于 x
轴的两条平行线（如图 3.56）。
上述椭圆与两条平行线的交点
的坐标，就是方程组（2）的解，
交点的横坐标就是原方程的解，
由方程组（2）即

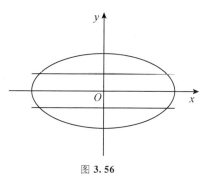

图 3.56

$$\begin{cases}\dfrac{x^2}{100}+\dfrac{y^2}{25}=1,\\[2mm] y^2=5\end{cases}$$

解得 $x=\pm 4\sqrt{5}$，此即原方程的解。

在上述例 3.31 的解法中，我们模仿了笛卡儿解四次代数方程
的方法，把求解根式方程的问题变成了求两条曲线交点的问题。

例 3.32　设 $a>b>0$，求证：

$$\sqrt{a^2(\cos\alpha-\cos\beta)^2+b^2(\sin\alpha-\sin\beta)^2}\leqslant 2a。\qquad(1)$$

证　从几何上分析，不等式左端表示两点 $P(a\cos\alpha,\ b\sin\alpha)$ 与

$Q(a\cos\beta,\ b\sin\beta)$ 间的距离，而 P 和 Q 都在椭圆 $\dfrac{x^2}{a^2}+\dfrac{y^2}{b^2}=1$ 上（如

图 3.57），不等式右端的 $2a$ 恰是这个椭圆的长轴长。于是本题要
证明的不等式（1）的几何意义是：椭圆上任意两点间的距离小于或
等于该椭圆的长轴长。于是本题转化为求证 $|PQ|\leqslant 2a$。

因为　　$|OP|=\sqrt{(a\cos\alpha)^2+(b\sin\alpha)^2}=\sqrt{a^2\cos^2\alpha+b^2\sin^2\alpha}$

$$\leqslant\sqrt{a^2\cos^2\alpha+a^2\sin^2\alpha}=a,$$

同理有　　$|OQ|\leqslant a$，

所以得　　$|PQ|\leqslant|OP|+|OQ|\leqslant a+a=2a。$

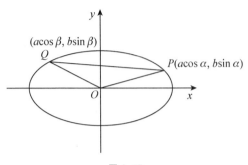

图 3.57

本题若用代数方法解，也不复杂，读者可以一试。

例 3.33　已知 $\dfrac{\cos^4 \theta}{\cos^2 \varphi}+\dfrac{\sin^4 \theta}{\sin^2 \varphi}=1$，求证 $\dfrac{\cos^4 \varphi}{\cos^2 \theta}+\dfrac{\sin^4 \varphi}{\sin^2 \theta}=1$。

证　从几何上分析，已知条件表示点 $P_0\left(\dfrac{\cos^2 \theta}{\cos \varphi},\ \dfrac{\sin^2 \theta}{\sin \varphi}\right)$ 在圆 $x^2+y^2=1$ 上。过点 P_0 的切线方程为

$$\frac{\cos^2 \theta}{\cos \varphi}x+\frac{\sin^2 \theta}{\sin \varphi}y=1,$$

因为 $\cos^2 \theta+\sin^2 \theta=1$，可写成

$$\frac{\cos^2 \theta}{\cos \varphi}\cos \varphi+\frac{\sin^2 \theta}{\sin \varphi}\sin \varphi=1,$$

说明点 $Q(\cos \varphi,\ \sin \varphi)$ 也在上述切线上，又点 Q 也在上述圆上，所以点 Q 与点 P_0 重合，即得

$$\frac{\cos^2 \theta}{\cos \varphi}=\cos \varphi,\qquad \frac{\sin^2 \theta}{\sin \varphi}=\sin \varphi,$$

于是有 $\cos^2 \theta=\cos^2 \varphi$，$\sin^2 \theta=\sin^2 \varphi$，从而本题得证。

例 3.34　设 $|u|\leqslant\sqrt{2}$，$v>0$，求函数

$$f(u,\ v)=(u-v)^2+\left(\sqrt{2-u^2}-\frac{9}{v}\right)^2 \tag{1}$$

的最小值。

解　本例与前面的例 3.28 及例 3.29 不同，从变量满足的条件 $|u| \leqslant \sqrt{2}$，$v > 0$ 看不出几何图形。我们从函数 $f(u, v)$ 的表达式 (1) 来分析，看一看它是否具有某种几何意义。式 (1) 右端表示两点 $P(u, \sqrt{2-u^2})$ 及 $Q\left(v, \dfrac{9}{v}\right)$ 之间距离的平方。再分析 P 及 Q 是什么样的点？注意到点 P 随参数 u 变动，Q 随参数 v 变动。设点 $P(x, y)$，则有

$$\begin{cases} x = u, \\ y = \sqrt{2-u^2}, \end{cases} \quad (|u| \leqslant \sqrt{2})。$$

消去参数 u 得

$$x^2 + y^2 = 2 \quad (y \geqslant 0)，\tag{2}$$

即动点 P 位于上半圆周 (2) 上。设点 $Q(x, y)$，则有

$$\begin{cases} x = v, \\ y = \dfrac{9}{v}, \end{cases} \quad (v > 0)。$$

消去参数 v 得

$$xy = 9 \quad (x > 0, \ y > 0)，\tag{3}$$

即动点 Q 位于双曲线 $xy = 9$ 在第一象限内的一支 (3) 上。于是问题转化为求上半圆周 (2) 上的点与双曲线的一支 (3) 上的点之间距离的平方的最小值。画出图形 (如图 3.58) 便知，$P(1, 1)$，$Q(3, 3)$ 时，$|PQ| = 2\sqrt{2}$ 为上述距离之最小值，于是所求为

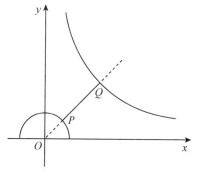

图 3.58

$$f(u, v)_{\min} = 8。$$

在解此题中，我们巧妙地把变量 u，v 看成参数，从而应用参数方程的知识，分析出动点 P 及 Q 所具有的几何位置，才得以顺利地将原问题转化成几何问题，并加以解决。

例 3.35 已知 x，y 适合

$$x^2 + 2y^2 = 8，\tag{1}$$

求函数

$$f(x, y) = x - y \tag{2}$$

的最大值和最小值。

解法 1 从几何上考虑，方程(1)表示椭圆 $\dfrac{x^2}{8} + \dfrac{y^2}{4} = 1$，$x$，$y$ 适合(1)表示点 $P(x, y)$ 在这个椭圆上，$x - y$ 表示点 P 的两个坐标之差。于是原问题转化为求椭圆上点的横坐标减纵坐标所得差的最大值和最小值。由椭圆的参数方程得

$$x = 2\sqrt{2}\cos\theta，\qquad y = 2\sin\theta。$$

于是原问题又转化成求 $g(\theta) = 2\sqrt{2}\cos\theta - 2\sin\theta$ 的最大值和最小值。利用三角知识，将 $g(\theta)$ 变形：

$$g(\theta) = 2\sqrt{3}\left[\frac{\sqrt{2}}{\sqrt{3}}\cos\theta - \frac{1}{\sqrt{3}}\sin\theta\right]$$

$$= 2\sqrt{3}(\cos\varphi\cos\theta - \sin\varphi\sin\theta)$$

$$= 2\sqrt{3}\cos(\varphi + \theta)，$$

此处设 $\cos\varphi = \dfrac{\sqrt{2}}{\sqrt{3}}$，$\sin\varphi = \dfrac{1}{\sqrt{3}}$。因为对于一切 θ 有

$$-1 \leqslant \cos(\varphi + \theta) \leqslant 1，$$

所以

$$-2\sqrt{3} \leqslant g(\theta) \leqslant 2\sqrt{3}，$$

即 $f(x, y)_{\max} = 2\sqrt{3}, \quad f(x, y)_{\min} = -2\sqrt{3}$。

在上述解法中,我们把函数表达式(2)右端的 $x - y$ 看成是点的横坐标与纵坐标之差,再应用椭圆的参数方程,然后主要是靠三角知识来求最大值与最小值的。

现在我们换一个思路来分析函数表达式(2)。

解法 2   令 $f(x, y) = m$,于是式(2)变成

$$x - y = m。 \tag{3}$$

从几何上看,式(3)表示斜率为 1 的直线,而 m 具有几何意义:它是直线(3)在 x 轴上的截距。于是原问题转化为当点沿着椭圆(1)变动时,求过这些点斜率为 1 的平行直线在 x 轴上的最大截距和最小截距。由几何知,当直线与椭圆相切时,截距取得最大值和最小值(如图 3.59)。

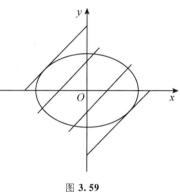

图 3.59

求 $x - y - m = 0$ 与 $x^2 + 2y^2 = 8$ 相切时的 m 值。

$$(y + m)^2 + 2y^2 = 8,$$

即 $3y^2 + 2my + m^2 - 8 = 0$,

由判别式

$$\Delta = 4m^2 - 12(m^2 - 8) = -8(m^2 - 12) = 0$$

得 $m = \pm 2\sqrt{3}$。于是所求结果为

$$f(x, y)_{\max} = 2\sqrt{3}, \quad f(x, y)_{\min} = -2\sqrt{3}。$$

上述第二种解法的独特和巧妙之处,在于分析函数表达式时,不是只看表达式右端,而是连同函数值 m 一起将其看成一个方程,

并将函数值 m 看成方程中的一个参数，再来分析整个方程以及参数 m 的几何意义。这种方法具有一般性，对于求形如 $f(x, y)=x+y$ 和 $f(x, y)=\dfrac{y}{x}$ 的最大值和最小值问题，也可以做类似的分析，化成几何问题来解。

例 3.36 求 $f(t)=\sqrt{2t+4}+\sqrt{1-t}$ 的最大值和最小值。

解 令 $x=\sqrt{2t+4}$，$y=\sqrt{1-t}$，消去参数 t 得

$$x^2+2y^2=6 \quad (x\geqslant 0,\ y\geqslant 0),\tag{1}$$

表示第一象限内的一段椭圆弧 $\overset{\frown}{AB}$（如图 3.60）。于是原问题转化为已知 x，y 适合条件（1），求函数 $f(t)=x+y$ 的最大值和最小值。

令 $f(t)=m$，m 的几何意义是斜率为 -1 的直线 l：$x+y-m=0$ 在 y 轴上的截距。于是原问题又转化为求过椭圆弧 $\overset{\frown}{AB}$ 上

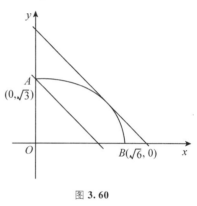

图 3.60

每一点所作斜率为 -1 的平行线在 y 轴上的最大截距和最小截距。

由几何知，当直线 l 与弧 $\overset{\frown}{AB}$ 相切时，l 在 y 轴上的截距取得最大值，当直线 l 过弧的端点 A 时，l 在 y 轴上的截距取得最小值（如图 3.60）。

求 $x+y-m=0$ 与 $x^2+2y^2=6$ 相切时的 m 值。

$$(m-y)^2+2y^2=6,$$

即 $$3y^2-2my+m^2-6=0,$$

由判别式

$$\Delta = 4m^2 - 12(m^2 - 6) = 0$$

解得 $m = \pm 3$。因为只与 $\overset{\frown}{AB}$ 相切，所以将负值舍去。点 $A(0, \sqrt{3})$，由 l 过点 A 得 $m = \sqrt{3}$。于是本题所求最大值与最小值为

$$f(t)_{\max} = 3, \qquad f(t)_{\min} = \sqrt{3}。$$

例 3.37　若 x，y 满足条件

$$x^2 + y^2 - 4x - 4y + 7 = 0, \tag{1}$$

求 $f(x, y) = \dfrac{y}{x}$ 的最大值和最小值。

解　从几何上分析，约束条件(1)表示一个圆：

$$(x-2)^2 + (y-2)^2 = 1,$$

圆心为 $(2, 2)$，半径为 1。

令 $f(x, y) = k$，得 $\dfrac{y}{x} = k$，即 $y = kx$，表示过原点的直线，k 是该直线的斜率。于是原问题转化为求圆上每一点与原点相连所得直线斜率的最大值和最小值。

由几何知，当直线与圆相切时，斜率取最大值和最小值（如图 3.61）。

求 $y = kx$ 与圆(1)相切时的 k 值。将 $y = kx$ 代入(1)得

$$(1+k^2)x^2 - 4(1+k)x + 7 = 0,$$

由判别式

$$\Delta = 4[4(1+k)^2 - 7(1+k^2)] = 0$$

解得　$k = \dfrac{4 \pm \sqrt{7}}{3}$。

于是得到本题所求的最大值与最小值为

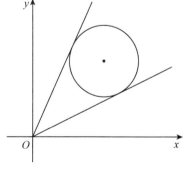

图 **3.61**

$$f(x, y)_{\max} = \frac{4 + \sqrt{7}}{3},$$

$$f(x, y)_{\min} = \frac{4 - \sqrt{7}}{3}.$$

上述这些例子说明，解析几何是一个双刃工具，它不仅可以用来解几何问题，而且也可以用来解某些代数问题。

由于一个代数问题能用几何方法来解的前提是它具有几何意义，因此分析和寻找一个代数问题的几何意义，就成了能否将其转化为几何问题来解的关键。

如何分析和寻找一个代数问题的几何意义呢？上面的例子告诉我们，对于比较简单的情形，通过"直接翻译"，就可看出其几何意义，例如例 3.26～例 3.29。所谓"直接翻译"，就是把这个代数表示式放到某个坐标系中考察，看它是不是某个几何图形的方程，或某个几何图形的某个量或某个关系的代数表示式。这就要求我们一方面要具有从几何上观察、分析与思考问题的意识，这一点很重要，因为否则你根本不会往几何方面去想；另一方面要熟悉各种常见曲线的方程，各种常见的几何量和几何关系的代数表示式，而且一看到这些代数表示式，马上就能认出它们的几何意义。上面的例子也告诉我们，更多的时候，我们所遇到的代数问题，其几何意义不是一眼就能看出的，也就是说只靠"直接翻译"不行了，这时就需要灵活地运用解析几何知识，还要发挥创造性。例如例 3.30 中由某个片断的几何意义通过联想，猜想出整体和其余部分的几何意义；例 3.31 中的变形；例 3.33 中切线的应用；例 3.34 和例 3.36 中参数方程的应用；例 3.35～例 3.37 中把函数值看成参数，从而把函数表达式看成方程。所有这些都是具有创造性的奇思妙想。

当然，并不是所有代数问题都能用解析几何方法转化成几何问题来解的，能这样做的只是其中的一小部分。虽然如此，进行这种方法的训练，对于培养我们注意从几何直观上思考问题的思维习惯，增强思维的灵活性，开拓解题思路，提高解题能力，还是大有好处的。

习题 9

1. 已知实数 a_1，a_2，b_1，b_2，求证

$$\left|\sqrt{a_1^2+b_1^2}-\sqrt{a_2^2+b_2^2}\right| \leqslant |a_1-a_2|+|b_1-b_2|。$$

2. 已知实数 a，b，p，q 且 $a^2+b^2=p^2+q^2=1$，$ap+bq\neq 0$，设实数 x，y 适合 $ax+by=0$，求 $z=x^2+y^2-2px-2qy+1$ 的最小值。

3. 已知实数 a，b，c，设实数 x，y 适合 $x+y=c$，求 $\sqrt{a^2+x^2}+\sqrt{b^2+y^2}$ 的最小值。

4. 已知 a，$b>0$ 且 $a+b=1$，求证

$$\left(a+\frac{1}{a}\right)^2+\left(b+\frac{1}{b}\right)^2 \geqslant \frac{25}{2}。$$

5. 求函数 $y=\dfrac{2-\sin x}{2-\cos x}$ 的最大值和最小值。

§4. 构造新题

§4.1 从摆线联想开去

为了使推导过程叙述简便，本节使用了向量，向量也是解析几何中的一种工具，常与坐标并用。现在先对向量作一简要介绍。本节所说的向量都是指平面上的向量。

除了大小还有方向的量称为向量，向量的几何表示是平面上的一条有向线段，记为$\overrightarrow{AB}$，A称为向量的起点，B称为向量的终点。有向线段的长度是向量的大小（也称向量的长度或向量的模，记为$|\overrightarrow{AB}|$），有向线段的方向就是向量的方向。长度相等、方向相同的向量称为相等的向量，如图 4.1 所示，四边形 $ABCD$ 是平行四边形，则$\overrightarrow{AB}=\overrightarrow{DC}$。相等的向量认为是同一个向量，即向量可以在平面上自由地平行移动到任何起点。

向量的加法　$\overrightarrow{AB}+\overrightarrow{BC}=\overrightarrow{AC}$，也就是以第一个向量的终点为第二个向量的起点，则两向量之和为以第一个向量的起点为起点，以第二个向量的终点为终点的向量（如图 4.1）。

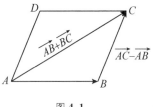

图 **4.1**

向量的减法　$\overrightarrow{AC}-\overrightarrow{AB}=\overrightarrow{BC}$，也就是把两个向量移到同一个起点，则从减向量的终点到被减向量的终点的向量即为两向量之差（如图 4.1）。

在坐标平面上（如图 4.2），若 $\overrightarrow{AB}$ 在 x 轴上的投影（指 x 轴上有

向线段 $\overrightarrow{A_1B_1}$ 的量）为 m，$\overrightarrow{AB}$ 在 y

轴上的投影（指 y 轴上 $\overrightarrow{A_2B_2}$ 的量）

为 n，我们就称 $(m，n)$ 为向量 $\overrightarrow{AB}$

的坐标，记为 $\overrightarrow{AB}=(m，n)$。设

$|\overrightarrow{AB}|=r$，$\overrightarrow{AB}$ 与 x 轴正向的夹角

为 θ，则 $m=r\cos\theta$，$n=r\sin\theta$，

于是有 $\overrightarrow{AB}=(r\cos\theta，r\sin\theta)$。若

已知 $A(a_1，a_2)$，$B(b_1，b_2)$，由

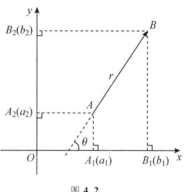

图 **4.2**

图 4.2 知在 x 轴上有 $A_1(a_1)$，$B_1(b_1)$，于是有向线段 $\overrightarrow{A_1B_1}$ 的量为

b_1-a_1，在 y 轴上有 $A_2(a_2)$，$B_2(b_2)$，$\overrightarrow{A_2B_2}$ 的量为 b_2-a_2，因此

$\overrightarrow{AB}=(b_1-a_1，b_2-a_2)$，即向量 $\overrightarrow{AB}$ 的坐标是终点坐标与起点坐标

之差。特别地，以原点为起点的向量的坐标就等于终点的坐标，如

图 4.3 所示，设有 $M(a，b)$，则 $\overrightarrow{OM}=(a，b)$。于是求出 $\overrightarrow{OM}$ 的坐标

即可得到点 M。由于 $\overrightarrow{AB}+\overrightarrow{BC}$ 在 x 轴上的投影等于 $\overrightarrow{AB}$ 与 $\overrightarrow{BC}$ 分别在 x

轴上的投影之和（如图 4.4），于是得到：两向量之和的坐标是两向量

坐标之和。例如已知 $\overrightarrow{AB}=(m_1，n_1)$，$\overrightarrow{BC}=(m_2，n_2)$，则

$$\overrightarrow{AC}=\overrightarrow{AB}+\overrightarrow{BC}=(m_1+m_2，n_1+n_2)。$$

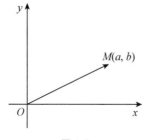

图 **4.3**

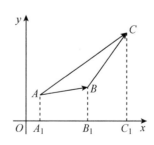

图 **4.4**

例 4.1 已知 $A(3,5)$，$\overrightarrow{AB}=(6,-1)$，求点 B 的坐标。

解 要求点 B 的坐标，只需求出 $\overrightarrow{OB}$ 的坐标。又已知 $A(3,5)$，所以有 $\overrightarrow{OA}=(3,5)$(如图 4.5)。由

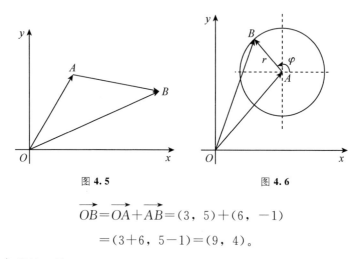

图 4.5　　　　　　　图 4.6

$$\overrightarrow{OB}=\overrightarrow{OA}+\overrightarrow{AB}=(3,5)+(6,-1)$$
$$=(3+6,5-1)=(9,4)。$$

得点 $B(9,4)$。

例 4.2 已知点 B 在以 $A(a,b)$ 为圆心、r 为半径的圆上，使 AB 与 x 轴正向夹角为 φ(如图 4.6)，求点 B 的坐标。

解 由 $\overrightarrow{OB}=\overrightarrow{OA}+\overrightarrow{AB}=(a,b)+(r\cos\varphi,r\sin\varphi)$
$$=(a+r\cos\varphi,b+r\sin\varphi)$$

得点 B 的坐标为 $(a+r\cos\varphi,b+r\sin\varphi)$。

如例 4.2 这样将向量和坐标相结合的运算，本节在推导各种曲线的方程时，将会一再用到。

一个人的自行车外带上沾了一点白色油漆。当他骑车向前直行时，这个白色油漆斑点便在空中描绘出一条曲线，叫作摆线(如图 4.7)。用数学的语言来描述就是：一个圆沿着一条直线作无滑动的滚动时，圆周上的一个定点 M 的轨迹叫作摆线。摆线又叫旋轮线。

图 4.7

现在我们来建立摆线的方程。

设已知动圆的半径为 r，取动圆滚动所沿的直线为 x 轴，圆上定点 M 落在直线上的位置为原点，建立平面直角坐标系（如图 4.8）。

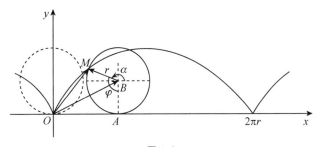

图 4.8

设圆滚动 φ 角后达到图中所示位置，圆心在点 B，且圆与 x 轴相切于点 A，圆上定点 $M(x,y)$ 处于图中所示位置，于是有 $\overrightarrow{OM}=(x,y)$，而 $\overrightarrow{OM}=\overrightarrow{OB}+\overrightarrow{BM}$，点 B 是已知圆滚动 φ 角后所得圆的圆心。圆在直线（x 轴）上滚过的距离 OA 与圆上的弧 $\overset{\frown}{AM}$ 等长，而 $\overset{\frown}{AM}=r\varphi$，所以 $OA=r\varphi$，于是点 $B(r\varphi,r)$，因而 $\overrightarrow{OB}=(r\varphi,r)$。又 M 在以 B 为圆心，r 为半径的圆上，$\angle ABM=\varphi$，记 BM 与 x 轴正

向夹角为 α，则 $\alpha = \dfrac{3\pi}{2} - \varphi$，于是 $\overrightarrow{BM}$ 的坐标为

$$(r\cos \alpha,\ r\sin \alpha) = (-r\sin \varphi,\ -r\cos \varphi).$$

因此　　$(x,\ y) = \overrightarrow{OM} = \overrightarrow{OB} + \overrightarrow{BM}$

$$= (r\varphi,\ r) + (-r\sin \varphi,\ -r\cos \varphi)$$

$$= (r\varphi - r\sin \varphi,\ r - r\cos \varphi)$$

$$= (r(\varphi - \sin \varphi),\ r(1 - \cos \varphi)).$$

于是得

$$\begin{cases} x = r(\varphi - \sin \varphi), \\ y = r(1 - \cos \varphi). \end{cases}$$

这就是点 M 的轨迹——摆线的参数方程，其中 φ 为参数，当参数 φ 从 0 变化到 2π 时，点 M 描绘出摆线的一拱（如图 4.8）。

我们把上述问题稍稍改变一下：一个人在他的自行车车轮的一根辐条上安装了一颗发光的小电珠，夜晚当他骑车行进时，这颗发光的小电珠会在黑夜中描绘出一条什么样的曲线呢？

将这个问题变成数学问题就是：一个圆沿着一条直线作无滑动的滚动时，求圆所在平面内与动圆固定地连接在一起的圆内一点 M 的轨迹方程。

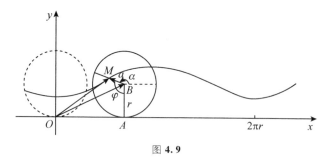

图 4.9

设圆的半径为 r，圆内定点 M 与圆心的距离为 a，且 $a < r$。取

定直线为 x 轴，动圆在 x 轴上方，取 M 运动到最低位置时，圆与 x 轴的切点为原点，此时圆心在 y 轴上，建立平面直角坐标系（如图 4.9）。当圆滚动 φ 角后达到图 4.9 中所示位置，这时圆心在点 B，圆与 x 轴切于点 A，点 $M(x, y)$ 处于图中所示位置。由 $OA = \varphi r$ 得 $B(\varphi r, r)$，即 $\overrightarrow{OB} = (\varphi r, r)$。设 $\overrightarrow{BM}$ 与 x 轴正向的夹角为 α，于是 $\alpha = \dfrac{3\pi}{2} - \varphi$，故有

$$\overrightarrow{BM} = (a\cos \alpha, a\sin \alpha) = (-a\sin \varphi, -a\cos \varphi)。$$

于是，

$$(x, y) = \overrightarrow{OM} = \overrightarrow{OB} + \overrightarrow{BM} = (r\varphi - a\sin \varphi, r - a\cos \varphi)。$$

所以得
$$\begin{cases} x = r\varphi - a\sin \varphi, \\ y = r - a\cos \varphi, \end{cases} \qquad (a < r)。$$

这就是点 M 的轨迹方程，这个轨迹叫作短幅摆线，它的图形如图 4.9 所示。

完全类似，一个圆在一条直线上无滑动地滚动时，圆所在平面内与动圆固定地连接在一起的圆外一点 M 的轨迹叫作长幅摆线，它的图形如图 4.10 所示，长幅摆线自己绕成许多小圈，叫作绕扣。

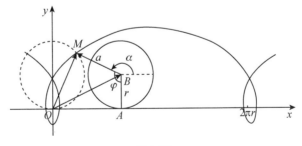

图 4.10

这时 M 与圆心的距离 a 大于圆的半径 r，M 的轨迹方程为

$$\begin{cases} x = r\varphi - a\sin\varphi, \\ y = r - a\cos\varphi, \end{cases} \quad (a > r)。$$

短幅摆线和长幅摆线统称变幅摆线。它们是当动圆沿着直线滚动时，动圆所在平面内与动圆固定地连接在一起，但不在圆周上的一点 M 运动的轨迹。当 M 在圆内时其轨迹为短幅摆线，M 在圆外时其轨迹为长幅摆线。变幅摆线的方程为

$$\begin{cases} x = r\varphi - a\sin\varphi, \\ y = r - a\cos\varphi。 \end{cases}$$

当 $a < r$ 时是短幅摆线；当 $a > r$ 时，是长幅摆线；当 $a = r$ 时，则变为普通的摆线。

长幅摆线在农业机械中常常用到。卧式旋耕机的每把刀片画出的就是一条长幅摆线，而且它的绕扣部分很大，图 4.11 是它的工作原理示意图。调整旋转轴的高度，可以使刀片在绕扣最宽的地方切入土中，翻松绕扣下半截的泥土后再露出地面。四把刀片画出的四条长幅摆线顺次排开，绕扣部分互相衔接，因此不致发生漏耕现象。试想，如果刀片的轨迹不是长幅摆线而是普通摆线或短幅摆线，还能进行翻土作业吗？

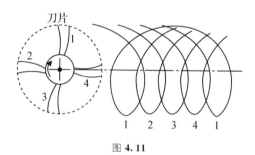

图 4.11

圆在直线上滚动，圆周上定点 M 的轨迹是摆线，在得到摆线

之后，我们通过改变定点 M 的位置，将圆周上的定点 M 分别改变为圆内和圆外的定点 M，就从摆线得到了变幅摆线（短幅摆线和长幅摆线）。

　　现在，我们再从另一个方面将上述问题推广，将圆在其上滚动的直线换成一个圆，即考虑一个圆在另一个圆内滚动时（如图 4.12），动圆圆周上的一个定点 M 的轨迹是什么？

图 **4.12**

　　先来考察一个特殊情形——动圆半径恰为定圆半径的一半。

　　设半径为 r 的动圆在半径为 $2r$ 的定圆内无滑动地滚动，试问动圆圆周上一点 M 将会描绘出一条什么样的曲线来？

　　先建立平面直角坐标系（如图 4.13）。定圆圆心 O 取作原点，动圆上的定点正好是动圆与定圆的切点 A 时，取射线 OA 为 x 轴正半轴。

当动圆滚过 φ 角时，如图 4.13 所示，动圆圆心在点 C，动圆与定圆相切于点 B，点 $M(x,y)$ 位于图中所示位置。因为滚动时没有滑动，所以定圆上的弧 $\overgroup{AB}$ 与动圆上的弧 $\overgroup{MB}$ 长度相等，已知动圆转过 φ 角，定圆的圆心角为 $\angle AOB$，因此有 $\varphi \cdot r = (\angle AOB) \cdot 2r$，得 $\varphi = 2\angle AOB$。另一方面，由 $CO = CM = r$ 得 $\triangle MOC$ 是等腰三角形，$\angle MOC = \angle OMC$，φ 是等腰三角形 COM 的顶角的外角，所以 $\varphi = 2\angle MOC = 2\angle MOB$，因而有 $\angle MOB = \angle AOB$，即点 M 落在 OA 上，即点 M 落在 x 轴上。

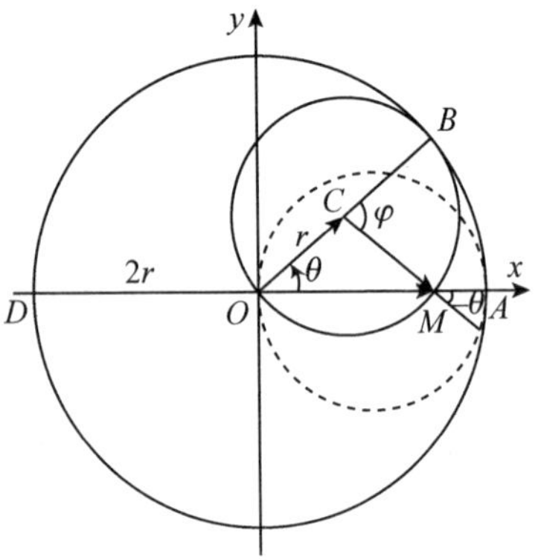

记 $\angle AOB = \angle MOB = \theta$，则有 $\overrightarrow{OC} = (r\cos\theta, r\sin\theta)$。$\overrightarrow{CM}$ 与 x 轴正向夹角为 $-\theta$（如图 4.13），所以

$$\overrightarrow{CM} = (r\cos(-\theta), r\sin(-\theta))$$
$$= (r\cos\theta, -r\sin\theta),$$

于是有

$$(x,y) = \overrightarrow{OM} = \overrightarrow{OC} + \overrightarrow{CM}$$
$$= (r\cos\theta, r\sin\theta) +$$
$$(r\cos\theta, -r\sin\theta)$$
$$= (2r\cos\theta, 0)。$$

图 4.13

所以 $M(x,y)$ 的轨迹方程为

$$\begin{cases} x = 2r\cos\theta, \\ y = 0。 \end{cases}$$

即点 M 的轨迹为 x 轴上的线段 $-2r \leqslant x \leqslant 2r$，亦即定圆的直径 AD。

于是我们得到一个意想不到的结果：一个动圆在一个半径是动圆半径 2 倍的定圆内无滑动地滚动时，动圆上一点 M 竟会描绘出一条直线段，确切地说，点 M 的轨迹是定圆的一条直径。这个结果称为哥白尼定理。根据这个定理，我们可以把旋转运动变成往返的直线运动，这一点在机械设计上是很有用的。

得到上面这个结果以后，我们马上会问，在上述条件下，动圆所在平面内与动圆固定地连接在一起的圆内（或圆外）一点的轨迹又是什么呢？

已知动圆半径为 r，定圆半径为 $2r$，动圆内一定点 M 与动圆圆心的距离为 $h(h<r)$，当动圆在定圆内无滑动地滚动时，求点 M 的轨迹方程。

设动圆圆心与 M 所连射线交动圆于点 N。于是 N 也是动圆上一定点。取定圆圆心 O 为坐标原点，动圆上定点 N 刚好是动圆与定圆的切点 A 时，取射线 OA 为 x 轴正半轴，建立平面直角坐标系（如图 4.14）。

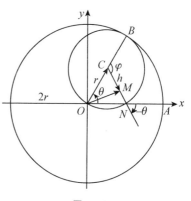

图 **4.14**

设动圆转过 φ 角后到达图 4.14 中所示位置，圆心在点 C，与定圆相切于点 B，记 $\angle AOB=\theta$，由上题的推导得 $\varphi=2\theta$，$\overrightarrow{CN}$（因而 $\overrightarrow{CM}$）与 x 轴正向夹角为 $-\theta$。设点 $M(x,\ y)$，于是得

$$(x,\ y)=\overrightarrow{OM}=\overrightarrow{OC}+\overrightarrow{CM}$$
$$=(r\cos\theta,\ r\sin\theta)+(h\cos(-\theta),\ h\sin(-\theta))$$
$$=((r+h)\cos\theta,\ (r-h)\sin\theta),$$

所以点 M 的轨迹方程为

$$\begin{cases} x = (r+h)\cos\theta, \\ y = (r-h)\sin\theta。 \end{cases}$$

这是何种曲线呢？消去参数 θ 得

$$\frac{x^2}{(r+h)^2} + \frac{y^2}{(r-h)^2} = 1,$$

表示一个椭圆。

当定点 M 在动圆外部，即 $h > r$ 时，上述推导全部适用，我们得到点 M 的轨迹方程为

$$\frac{x^2}{(h+r)^2} + \frac{y^2}{(h-r)^2} = 1,$$

仍是一个椭圆。

现在我们来考察一般的情形。动圆 O_1 半径为 r，定圆 O 半径为 R，这里 $r < R$。当动圆 O_1 在定圆 O 内无滑动地滚动时，求圆 O_1 上一点 M 的轨迹方程。

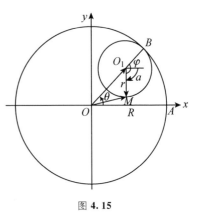

图 4.15

取定圆圆心 O 为坐标原点，当动圆与定圆正好相切于动圆上定点 M 时记切点为 A，取射线 OA 为 x 轴正半轴建立平面直角坐标系(如图 4.15)。

当动圆滚过 φ 角后，到达图 4.15 中所示位置，圆心在 O_1，与定圆相切于点 B，点 $M(x, y)$ 位于图中所示位置。由于是无滑动的滚动，所以小圆的弧 $\overset{\frown}{MB}$ 与大圆的弧 $\overset{\frown}{AB}$ 等长。记 $\angle AOB = \theta$，于是有 $\varphi r = \theta R$，所以 $\theta = \dfrac{r}{R}\varphi$。$\overrightarrow{O_1 M}$ 与 x 轴正向的夹角 $\alpha = \theta - \varphi = \dfrac{r}{R}\varphi -$

φ。于是我们得到

$$(x,\ y)=\overrightarrow{OM}=\overrightarrow{OO_1}+\overrightarrow{O_1M}$$

$$=((R-r)\cos\theta,\ (R-r)\sin\theta)+(r\cos\alpha,\ r\sin\alpha)$$

$$=\Big((R-r)\cos\frac{r}{R}\varphi+r\cos\Big(\varphi-\frac{r}{R}\varphi\Big),$$

$$(R-r)\sin\frac{r}{R}\varphi-r\sin\Big(\varphi-\frac{r}{R}\varphi\Big)\Big)\text{。} \tag{1}$$

令动圆半径与定圆半径之比 $\dfrac{r}{R}=m$，所得轨迹方程为

$$\begin{cases} x=(R-mR)\cos m\varphi+mR\cos(\varphi-m\varphi), \\ y=(R-mR)\sin m\varphi-mR\sin(\varphi-m\varphi), \end{cases} \quad (0<m<1)\text{。} \tag{2}$$

上述轨迹称为内摆线。当 m 取 0 与 1 之间的不同值时，可以得到不同的内摆线（如图 4.16）。当 $m=\dfrac{1}{2}$ 时，内摆线就是定圆的直径（如图 4.16(a)）；当 $m=\dfrac{1}{4}$，即动圆半径是定圆半径的 $\dfrac{1}{4}$ 时，内摆线有四个尖角，像一颗星，称为星形线（如图 4.16(b)），由星形线的参数方程消去参数，得到直角坐标方程，可以化成

$$x^{\frac{2}{3}}+y^{\frac{2}{3}}=R^{\frac{2}{3}};$$

当 $m=\dfrac{2}{5}$ 及 $m=\dfrac{2}{3}$ 时，内摆线的图形分别见图 4.16(c)及图 4.16(d)。

　　更一般地，如果动圆在定圆内滚动时，动圆所在平面内与动圆固定连接在一起的一个点 M，将描绘出一条怎样的曲线？若点 M 在圆上，就是刚才讨论过的内摆线，若 M 在圆内或圆外呢？类似于圆在直线上滚动时得到短幅摆线和长幅摆线的情形，这里我们也得到短幅内摆线和长幅内摆线，统称为变幅内摆线。

设点 M 与动圆圆心 O_1 的距离为 h。推导变幅内摆线的方程，只需将推导内摆线方程时式（1）中 $\overrightarrow{OM_1}$ 的表示式（$r\cos\alpha$，$r\sin\alpha$）中的 r 换成 h 即可，也即在方程（2）的第 2 项中将 mR 换成 h，即可得变幅内摆线的参数方程

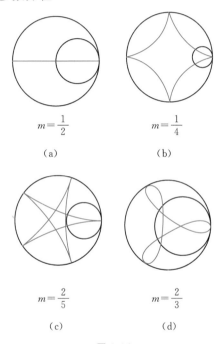

$$m=\frac{1}{2}$$

（a）

$$m=\frac{1}{4}$$

（b）

$$m=\frac{2}{5}$$

（c）

$$m=\frac{2}{3}$$

（d）

图 4.16

$$
\begin{cases}
x=(R-mR)\cos m\varphi+h\cos(\varphi-m\varphi), \\
y=(R-mR)\sin m\varphi-h\sin(\varphi-m\varphi),
\end{cases}
\quad (0<m<1) \quad (3)
$$

这里 $m=\dfrac{r}{R}$。当 $h<mR$ 时是短幅内摆线；当 $h>mR$ 时是长幅内摆线；当 $h=mR$ 时又变为内摆线了。所以方程（3）实际上是内摆线族的统一方程。

以 $m=\dfrac{1}{4}$ 为例，短幅内摆线、内摆线、长幅内摆线的图形分别见图 4.17(a)(b)(c)。

我们把动圆在定圆内滚动时动圆上一点的轨迹叫内摆线，那么很自然会想到，当动圆在定圆外滚动时，动圆上一点的轨迹，该叫外摆线了。

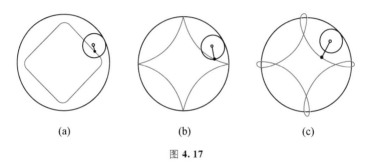

(a)　　　　(b)　　　　(c)

图 4.17

现在我们来推导外摆线的方程。

已知定圆 O 的半径为 R，动圆 O_1 的半径为 r，动圆 O_1 在定圆外无滑动地滚动，求动圆圆周上一点 M 的轨迹方程。

取定圆圆心 O 为坐标原点，动圆与定圆正好相切于动圆上定点 M 时，记切点为 A，取射线 OA 为 x 轴的正半轴，建立平面直角坐标系（如图 4.18）。

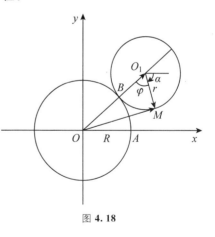

图 4.18

当动圆滚动 φ 角后到达如图 4.18 所示位置，圆心在点 O_1，与定圆相切于点 B，$M(x, y)$ 在图中所示位置，$\angle BO_1M=\varphi$。因为是无滑动的滚动，所以动圆的弧 $\overset{\frown}{BM}$ 与定圆 O 的弧 $\overset{\frown}{BA}$ 等长，于是 $\varphi r = R \cdot \angle AOB$，所以 $\angle AOB = \dfrac{r}{R}\varphi$。设 $\overrightarrow{O_1 M}$ 与 x 轴正向的夹角为 α，则 $\alpha = \dfrac{r}{R}\varphi + \varphi - \pi$。于是有

$$
\begin{aligned}
(x, y) &= \overrightarrow{OM} = \overrightarrow{OO_1} + \overrightarrow{O_1 M} \\
&= \left((R+r)\cos \frac{r}{R}\varphi, \ (R+r)\sin \frac{r}{R}\varphi \right) + (r\cos \alpha, \ r\sin \alpha) \\
&= \left((R+r)\cos \frac{r}{R}\varphi - r\cos\left(\frac{r}{R}\varphi + \varphi \right), \right. \\
&\qquad \left. (R+r)\sin \frac{r}{R}\varphi - r\sin\left(\frac{r}{R}\varphi + \varphi \right) \right)。
\end{aligned}
$$

令动圆半径 r 与定圆半径 R 之比为 m，即 $\dfrac{r}{R} = m$，则得外摆线的参数方程为

$$
\begin{cases}
x = (R+mR)\cos m\varphi - mR\cos(\varphi + m\varphi), \\
y = (R+mR)\sin m\varphi - mR\sin(\varphi + m\varphi)。
\end{cases}
\tag{4}
$$

其中 m 可以取任意正数。当 m 取不同数值时，便得到不同的外摆线。

特别地，当 $m=1$ 时，即两个半径相等的圆，互相外切，一个沿着另一个滚动时，动圆圆周上一点描出的外摆线像一颗心脏，称为心脏线（如图 4.19）。心脏线的参数方程为

$$
\begin{cases}
x = 2R\cos \varphi - R\cos 2\varphi, \\
y = 2R\sin \varphi - R\sin 2\varphi。
\end{cases}
$$

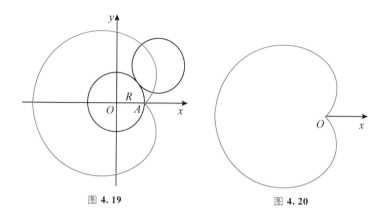

图 4.19　　　　　　　　　　图 4.20

把坐标原点平移到 $A(R, 0)$，可化成极坐标方程

$$\rho = 2R(1 - \cos \theta)。$$

心脏线通常用上述极坐标方程表示，它在极坐标系中的图形如图 4.20 所示。

$m = \dfrac{1}{4}$，$m = \dfrac{3}{5}$ 及 $m = 2$ 时的外摆线分别如图 4.21(a)(b)(c)。

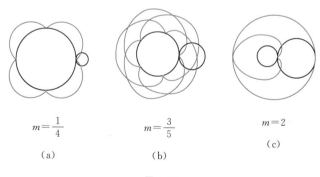

$m = \dfrac{1}{4}$　　　$m = \dfrac{3}{5}$　　　$m = 2$

(a)　　　　　(b)　　　　　(c)

图 4.21

　　由内摆线我们得到短幅内摆线和长幅内摆线，那么对于外摆线，同样也应该有短幅外摆线和长幅外摆线，它们统称为变幅外摆线，它们的参数方程也可由外摆线的方程(4)稍加变动得到。同

样只需在方程(4)的两个式子中,将每一式的第二项中的因子 mR 换成 h 即可:

$$\begin{cases} x = (R+mR)\cos\varphi - h\cos(\varphi + m\varphi), \\ y = (R+mR)\sin\varphi - h\sin(\varphi + m\varphi). \end{cases} \tag{5}$$

此处 $m = \dfrac{r}{R}$ 可取任意正数。$h < mR$ 时是短幅外摆线;$h > mR$ 时是长幅外摆线;而当 $h = mR$ 时则变为普通外摆线。因此我们把方程 (5)称为外摆线族的统一方程。

以 $m = \dfrac{1}{4}$ 为例,短幅外摆线、外摆线及长幅外摆线的图形分别如图 4.22(a)(b)(c)。

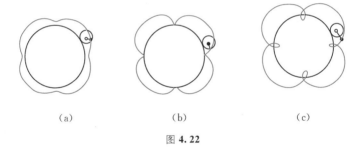

(a)   (b)   (c)

图 4. 22

现在我们把上述由摆线引申、联想得到变幅摆线及内摆线、外摆线、变幅内摆线、变幅外摆线的过程列于表 4.1 中。这个表中还有缺口,可以引申、填补,你不妨试一试。

我们从一个问题(摆线)提出了一系列新的问题(变幅摆线、内摆线及变幅内摆线、外摆线及变幅外摆线),不仅如此,而且我们在解决新问题即推导后来的各种摆线的方程时,每一次都使用了在解决原问题(即推导摆线方程)时所使用的方法。上述过程反映了数学上发现新问题、扩展发明创造的一种方法。当我们借助于

表 4.1

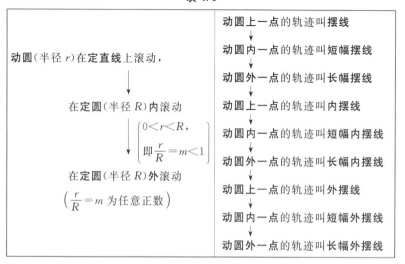

自己的方法找出了某个问题的解时，也可以算是一个发明创造。如果问题不太难，这个发明创造不算大，但无论如何总还是一个发明创造。数学教育家波利亚建议我们，有了某个发明创造，尽管不大，也应该探索一下，看它后面是否有更多的东西。我们不应该错过由这个新结果进一步"扩大战果"的机会，我们应该再尝试使用一次我们已经使用过的方法，要尽量利用你的成功。这就是说，当我们成功地解决了一个好问题以后，我们应当去寻找更多的好问题。对此波利亚打了一个形象的比喻，他说："好问题同某种蘑菇有些相似，它们大都成堆地生长。找到一个以后，你应当在周围找找，很可能在附近就有几个。"

上述由摆线引申联想得到各种摆线的方法是波利亚"找蘑菇"方法的一个典型。学会了这种方法，在我们学习数学时，就可以有意识地去注意和发现知识之间的联系，这样，这些知识就不再是互不相关的杂乱无章的记了这个忘了那个的一大堆东西，而是互相关联的成串成串的东西了。这种方法不仅对学习数学有用，而且对于发现和研究新的数学问题，乃至发现和研究数学以外的各种新问题，都是极其有用的。

习题 10

1. 运动员表演藤圈操时，让藤圈绕一条腿转动（如图 4.23），这时藤圈上一点在空中描绘出一条什么样的曲线？

这个问题可用数学语言描述为：已知定圆 O，半径为 R，动圆 O_1，半径为 r，$R<r$，两圆相内切（如图 4.24），动圆（大圆）沿定圆（小圆）无滑动地滚动，求动圆上一点 M 的轨迹。

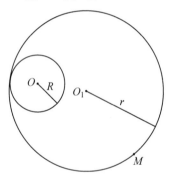

图 4.23   图 4.24

§4.2　举一反三几例

在数学课上老师常常告诉同学们：学习数学要举一反三。所谓"举一反三"，按照《现代汉语词典》的解释，是"从一件事情类推而知道许多事件"。用在我们解题当中，意即解决了一个问题，与其类似的其他问题也能解决。

只有当你会"反三"时，才说明你对"一"真正掌握了。举一反三的要求会激发起你的创造欲望，而当你绞尽脑汁终于成功时，你会从中享受到无穷的乐趣，并大大增强自信心。

在解析几何中，有许多关于圆、椭圆、双曲线和抛物线的问题，因为它们都是圆锥曲线，有许多共同的或类似的性质，这就为我们培养和训练举一反三的能力提供了很好的材料。正好手边有几道题，我试着将它们"反三"给同学们看一看。

例 4.3　已知双曲线 $\dfrac{x^2}{a^2}-\dfrac{y^2}{b^2}=1$ 的右焦点为 F_2，P 是双曲线右支上的任一点，求证：以 PF_2 为直径的圆与以实轴为直径的圆相切。

先给出它的证明。

证　根据双曲线的定义，双曲线上的点到两个焦点的距离之差是一个定数（实轴长），已知右焦点为 F_2，设左焦点为 F_1（如图 4.25），于是有 $|PF_1|-|PF_2|=2a$。要证以 PF_2 为直径的圆与以实轴为直径的圆相切（由图 4.25 知上述两圆只能外切），

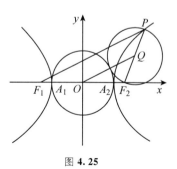

图 4.25

因此只需证明两圆的连心距等于两圆半径之和即可。设 PF_2 的中点为 Q，实轴 A_1A_2 的中点为 O，点 O 也是线段 F_1F_2 的中点，于是在 $\triangle PF_1F_2$ 中，

$$|OQ| = \frac{1}{2}|PF_1| = \frac{1}{2}(2a + |PF_2|) = a + \frac{|PF_2|}{2}。$$

这就证明了以 PF_2 为直径的圆与以实轴为直径的圆相切（外切）。

由这个题如何举一反三呢？首先，比较容易想到的是，若将已知右焦点 F_2 改为已知左焦点 F_1，P 仍为双曲线右支上的任一点，则以 PF_1 为直径的圆仍与以实轴为直径的圆相切吗？

依题意画出图 4.26，上述两圆若相切只可能是内切，因此，猜想上述两圆内切。剩下的证明，只需根据双曲线的定义，运用例 4.3 中所用的方法即可完成。于是我们便得到一个新的问题。

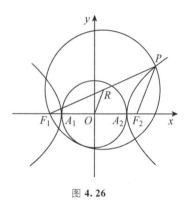

图 4.26

问题 1   已知双曲线 $\dfrac{x^2}{a^2} - \dfrac{y^2}{b^2} = 1$ 的左焦点为 F_1，P 为双曲线右支上的任一点，求证：以 PF_2 为直径的圆与以实轴为直径的圆相切。

将问题 1 与原题合并，又得一问题。

问题 2   已知双曲线 $\dfrac{x^2}{a^2} - \dfrac{y^2}{b^2} = 1$ 的一个焦点 F，P 为双曲线右支上的任一点，求证：以 PF 为直径的圆与以实轴为直径的圆相切。

本题证明时，需要区分 F 是右焦点还是左焦点两种情况，分别给出证明。

既然双曲线右支上任一点 P，对于焦点 F(不论是右焦点，还是左焦点)都有上述两圆相切的结论，那么强调点 P 在双曲线右支上就没有意义了。于是问题 2 又可以推广为

问题 3   已知双曲线 $\dfrac{x^2}{a^2}-\dfrac{y^2}{b^2}=1$ 的一个焦点 F，P 为双曲线上任一点，求证：以 PF 为直径的圆与以实轴为直径的圆相切。

本题证明时，需区分 F 是右焦点还是左焦点，点 P 是在双曲线的右支上还是在左支上，对各种情况分别给出证明。

我们深入一步，将原题中的双曲线 $\dfrac{x^2}{a^2}-\dfrac{y^2}{b^2}=1$ 换成椭圆 $\dfrac{x^2}{a^2}+\dfrac{y^2}{b^2}=1$，结果会怎样呢？

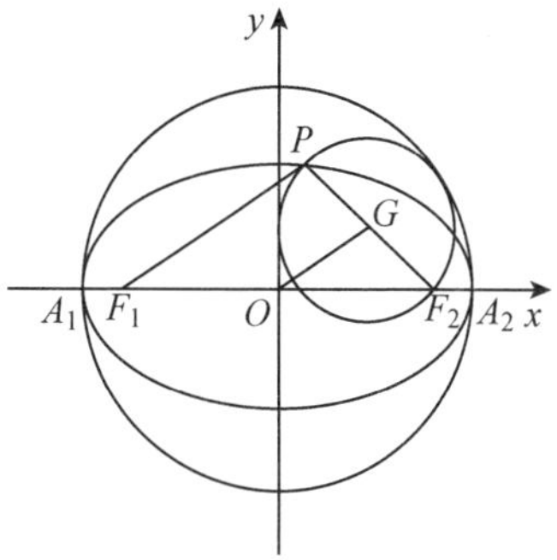

图 4.27

设 F_1 是椭圆的一个焦点，P 是椭圆上任一点，画个图(如图 4.27)看一看以 PF_2 为直径的圆与以长轴为直径的圆是否相切(内切)？

设另一个焦点为 F_1，用与例 4.3 完全相同的方法，根据椭圆的定义 $|PF_1|+|PF_2|=2a$，可以证明上述两圆的连心距

$$|OG|=\frac{1}{2}|PF_1|=\frac{1}{2}(2a-|PF_2|)=a-\frac{|PF_2|}{2},$$

恰为两圆半径之差，所以两圆内切。

于是我们得到

问题 4   已知椭圆 $\dfrac{x^2}{a^2}+\dfrac{y^2}{b^2}=1$ 的一个焦点为 F_1，P 是椭圆上的任一点，求证：以 PF_1 为直径的圆与以长轴为直径的圆相切。

如果我们还不满足于到此为止，那么可以再进一步：这个问

题对于抛物线，情形如何？

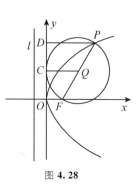

图 4.28

设 F 是抛物线的焦点，P 是抛物线上任一点，存在以 PF 为直径的圆。但抛物线只有一个顶点，不存在实轴和长轴，不过我们可以把另一个顶点想象成在对称轴另一头无穷远处，于是抛物线的轴长可视为无穷大。这时以轴为直径的圆，就是一个直径为无穷大的圆，变成过顶点 O 的一条直线了。由图 4.28，我们猜想：以 PF 为直径的圆与抛物线顶点 O 处的切线相切。注意，这只是猜想，是否成立还需要证明。

设 PF 的中点为 Q，抛物线顶点 O 处的切线为 y 轴，Q 到 y 轴的距离为 $|QC|$，P 到 y 轴的距离为 $|PD|$，$|QC| = \dfrac{1}{2}(|FO| + |PD|)$，而 $|FO| + |PD|$ 正好等于 P 到准线 l 的距离，由抛物线的定义，它又等于 P 到焦点 F 的距离 $|PF|$，所以 $|QC| = \dfrac{1}{2}|PF|$，即以 PF 为直径的圆的圆心到 y 轴的距离恰等于圆的半径，于是此圆与 y 轴相切。

这样我们就得到

问题 5   已知抛物线 $y^2 = 2px$ 的焦点 F，P 是抛物线上的任一点，求证：以 PF 为直径的圆与抛物线顶点处的切线相切。

这样，我们就从例 4.3 得到了 5 个新的问题。

例 4.4   设 $\triangle ABC$ 的底边 BC 固定，且 BC 长为 16，变动顶点 A，使 AC 与 AB 两边上的中线长之和为 30，求 $\triangle ABC$ 重心 G 的轨迹。

解   如图 4.29 建立平面直角坐标系，依题意有 $B(-8, 0)$，$C(8, 0)$。设重心 $G(x, y)$。由三角形重心的性质：分每条中线成

2：1 的两段，得到

$$|GB|+|GC|=\frac{2}{3}(|BE|+|CF|)$$

$$=\frac{2}{3}\times30=20,$$

即 G 到两定点 B，C 的距离之和是定
数 20。于是根据椭圆的定义，重心 G
的轨迹是以两定点 B，C 为焦点、长
轴长为 20 的椭圆，其方程为

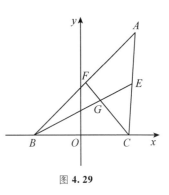

图 **4.29**

$$\frac{x^2}{100}+\frac{y^2}{36}=1。$$

注　该椭圆长轴上的两个顶点，显然不符合题设条件(这时 A，
B，C 三点共线，组不成三角形)。它们可称为轨迹的极限点。为
了叙述方便，也为了使轨迹在此点保持连续不发生中断，我们约
定把极限点也列在轨迹之中不予排除。在后面的例 4.5 和例 4.6 中
也都包含了轨迹的极限点，不再另作说明。

对于这个题，如何举一反三呢？比较容易想到的是

问题 1　在原题设条件下，求顶点 A 的轨迹。

因为中线 BE 与 CF 之和为定长，如图 4.30 所示，在 x 轴上取
$|B_1B|=|BC|$，$|CC_1|=|BC|$，于是在 $\triangle AB_1C$ 中，$|AB_1|=2|BE|$，
在 $\triangle ABC_1$ 中，$|AC_1|=2|CF|$，因而有

$$|AB_1|+|AC_1|=2(|BE|+|CF|)=2\times30=60(定长)。$$

根据椭圆定义知，点 A 的轨迹为以两定点 B_1，C_1 为焦点，长轴长
为 60 的椭圆，其方程为

$$\frac{x^2}{900}+\frac{y^2}{324}=1。$$

在例 4.4 中我们得到重心 G 的轨迹是一个椭圆，那么能不能

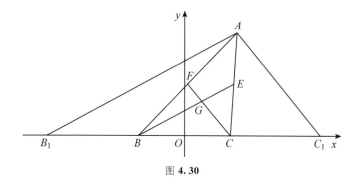

图 4.30

将条件改一改，使得 G 的轨迹是一条双曲线呢？于是我们想到，如果把两条中线长之和改为两条中线长之差，轨迹也许就是双曲线了。

问题 2　设 $\triangle ABC$ 底边固定，且 BC 长为 16，变动顶点 A，使 AC 与 AB 两边上的中线长之差为 3，求 $\triangle ABC$ 的重心 G 的轨迹。

运用与例 4.4 完全相同的解法，仍用图 4.29，由重心的性质：分每条中线成 2∶1 的两段，故有

$$||GB|-|GC||=\frac{2}{3}||BE|-|CF||=\frac{2}{3}\times 3=2,$$

即动点 G 与两定点 B，C 的距离之差为定数 2，于是得到 G 的轨迹为以 B，C 为焦点、实轴长为 2 的双曲线。由 $B(-8，0)$，$C(8，0)$ 得该双曲线的方程为

$$x^2-\frac{y^2}{63}=1。$$

对于问题 2，同样可以再问：顶点 A 的轨迹是什么(问题 3)？

我们由求变顶点三角形两条中线长之和是定数时重心的轨迹，引申出求两条中线长之差是定数时重心的轨迹。既然讨论了"和"

与"差"，那么很自然会想到"积"与"商"，于是我们又会得到新的问题。对于这些新的问题，有兴趣的读者可自行探讨。

例4.5　已知A，B，C是直线l上的三点，$AB=6$，$BC=6$，过A作动圆与l相切，分别过B，C作异于l的两条切线，它们相交于点P，求点P的轨迹。

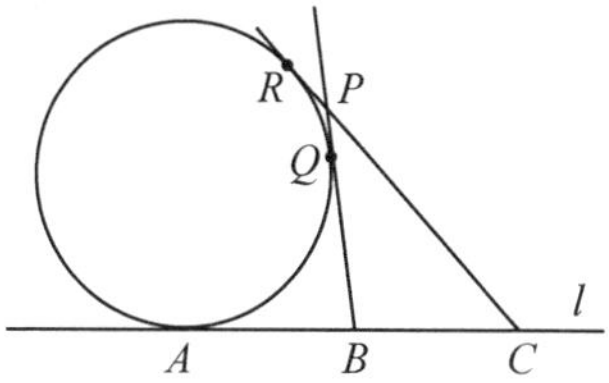

解　如图4.31所示，设CP切圆于R，BP切圆于Q，根据自圆外一点向圆所做的两条切线段等长，得到$CA=CR$，$BA=BQ$，$PR=PQ$。现在来考察PB，PC各等于什么？

图4.31

$$PB=PQ+QB=PQ+AB,$$
$$PC=CR-PR=AC-PR,$$

所以

$$PB+PC=AB+PQ+AC-PR=AB+AC=18,$$

即点P到两定点B，C的距离之和是定数18。由椭圆定义知，动点P的轨迹为以B，C为焦点，长轴长为18的椭圆。建立平面直角坐标系使B，C的坐标分别为$(-3，0)$及$(3，0)$，则所求轨迹即椭圆的方程为

$$\frac{x^2}{81}+\frac{y^2}{72}=1。$$

能不能将条件改一改，使得所求轨迹是一条双曲线呢？

分析　当PB与PC之差是一个定数时，点P的轨迹就是一条双曲线了。从图4.31看，必须使点P在切线CR的延长线上才行，为此只需B，C两点分别在点A的两侧就行了。于是得到

问题1　已知A，B，C是直线l上的三点，且B，C分别在点A的两侧，$AB=6$，$AC=12$，过A作动圆与l相切于点A，分别

过 B，C 向动圆作异于 l 的两条切线，它
们相交于点 P，求点 P 的轨迹。

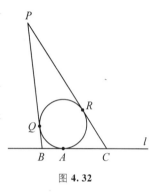

如图 4.32 所示，设 PB 切圆于 Q，
PC 切圆于 R，题设 l 切圆于 A，于是有
$PQ=PR$，$BQ=BA$，$CR=CA$。我们来
考察 PB 与 PC 各等于什么？

$$PB=PQ+QB=PQ+AB,$$
$$PC=PR+RC=PR+AC,$$

所以有

$$PB-PC=AB+PQ-(AC+PR)$$
$$=AB-AC=-6。$$

图 **4.32**

然而图 4.32 并不能代表所有的情
形，当动圆的半径变到相当大以后（详
见题后注），过 B，C 的两条切线的交
点 P 就位于直线 l 的另一侧了（如图
4.33）。这时有

$$PB=PQ-BQ=PQ-AB,$$
$$PC=PR-CR=PR-AC,$$

所以有

$$PB-PC=PQ-AB-(PR-AC)$$
$$=AC-AB=6。$$

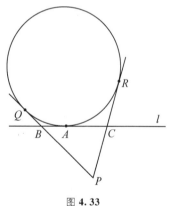

图 **4.33**

将以上两种情形合起来得到 $||PB|-|PC||=6$，即动点 P 到两定
点 B，C 的距离之差的绝对值等于定数 6。由双曲线的定义知，点 P 的
轨迹为以 B，C 为焦点，6 为实轴长的双曲线，取 $B(-9,0)$，$C(9,$
$0)$ 建立平面直角坐标系，则所求轨迹即双曲线的方程为

$$\frac{x^2}{9} - \frac{y^2}{72} = 1。$$

注　动圆半径多么大以后，过 B，C 的两条切线的交点 P 就会跑到 l 的另一侧去呢？

当动圆半径逐渐加大时，两条切线的交点 P 越来越远离直线 l，当两条切线互相平行时，交点消失，也可以看成是交点跑到无限远的地方去了。若圆的半径再加大，过了这个界限时，两条切线就在它们的另一端相交，这时交点就位于 l 的另一侧了。现在我们来看一看处于界限位置的动圆半径是多大，也就是当过 B，C 的两条切线平行时动圆半径是多大。

如图 4.34 所示，设 BQ 切圆于 Q，CR 切圆于 R，题设 l 切圆于 A，且 $BQ /\!/ CR$，已知 AB 及 AC，求圆的半径。设圆心为 O，$OQ \perp BQ$，$OR \perp CR$，Q，O，R 三点共线，$OA \perp BC$，连接 OB，

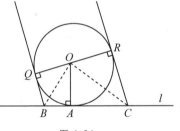

图 **4.34**

OC，在四边形 $OACR$ 中，$\angle AOR$ 与 $\angle ACR$ 互补，所以 $\angle COR$ 与 $\angle OCR$ 互余，又 $\angle AOR$ 与 $\angle AOQ$ 互补，所以 $\angle COR$ 与 $\angle BOQ$ 互余，所以 $\angle OCR = \angle BOQ$。于是 $\mathrm{Rt}\triangle OCR \backsim \mathrm{Rt}\triangle BOQ$。故有 $\dfrac{CR}{OR} = \dfrac{OQ}{BQ}$，$OR \cdot OQ = BQ \cdot CR$。而 $OR = OQ$，$BQ = AB$，$CR = AC$，所以

$$OQ^2 = AB \cdot AC，\quad OQ = \sqrt{AB \cdot AC}。$$

本题 $AB = 6$，$AC = 12$，所以界限半径为 $\sqrt{72}$，即当动圆半径大于 $\sqrt{72}$ 时，过 B，C 的两条切线的交点 P 就位于 l 的另一侧了。

能不能将例 4.5 中的条件改一改，使得所求轨迹是一条抛物线呢？

分析与猜想　例 4.5 中有两个定点 B，C，是轨迹椭圆的两个焦点。如果让点 C 沿 l 离 B 无限远去，这时过 C 所作动圆的切线就变成平行于 l 的切线了。我们猜想这时的轨迹可能是抛物线。（注意：这只是猜想！）

问题 2　已知 A，B 是直线 l 上的两点，且 $AB=6$，过 A 作动圆与 l 相切，过 B 作异于 l 的另一条切线与平行于 l 的另一条切线相交于点 P，求点 P 的轨迹。

设 BP 切圆于 Q，与 l 平行的切线 t 切圆于 R，t 与 BP 交于 P（如图 4.35）。我们有 $PQ = PR$，$BQ = AB$。于是，

$$PB = PQ + QB = PR + AB.$$

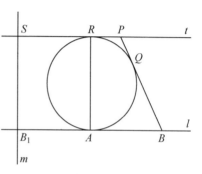

图 **4.35**

考察是否有一条定直线，使得 P 到该直线的距离恰好等于 PB。在 l 上取 B 关于 A 的对称点 B_1，过 B_1 作 l 的垂线 m，过点 P 平行于 l 的切线 t 与 m 交于 S，则 $PS \perp m$，于是 PS 即为 P 到 m 的距离。因为 $RS = AB_1 = AB$，所以 $PS = PR + RS = PR + AB_1 = PR + AB$，

于是有 $PB = PS$，也就是说动点 P 到定点 B 与到定直线 m 的距离相等。由抛物线的定义知，动点 P 的轨迹是以定点 B 为焦点，定直线 m 为准线的抛物线。取 l 为 x 轴，A 为原点，B 为 $(6，0)$ 建立平面直角坐标系，则上述轨迹即抛物线的方程为 $y^2 = 24x$。

例 4.6　给定两个半径分别为 r 和 R 的同心圆 $(0 < r < R)$，AB 为小圆的直径，求以大圆的动切线为准线，且过 A，B 两点的抛物线的焦点的轨迹。

解　如图 4.36 所示，设大圆上任一点 Q 处的切线为 l，以 l 为准线且过 A，B 两点的抛物线的焦点为 F。由抛物线的定义得

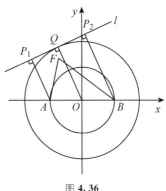

图 4.36

$$|FA|=|AP_1|,\quad |FB|=|BP_2|,$$

此外 $|AP_1|$，$|BP_2|$ 分别是 A，B 到 l 的距离。于是

$$|FA|+|FB|=|AP_1|+|BP_2|=2|OQ|=2R(\text{定数}),$$

即动点 F 到两定点 A，B 的距离之和是定数 $2R$。由椭圆的定义知，F 的轨迹为以 A，B 为焦点，长轴长为 $2R$ 的椭圆。取圆心 O 为原点，AB 所在直线为 x 轴，建立平面直角坐标系，于是有 $A(-r,0)$，$B(r,0)$，则 F 的轨迹即椭圆的方程为

$$\frac{x^2}{R^2}+\frac{y^2}{R^2-r^2}=1。$$

能不能将此题的条件改变一下，使得所求轨迹是一条双曲线呢？

分析与猜想　抛物线过两个定点 A，B，要使动抛物线的焦点 F 的轨迹是双曲线，必须使 FA 与 FB 之差是一个定数，也就是要使 A，B 到变动的准线的距离之差是一个定数。那么准线要如何选择才能达到这个要求呢？这只有当准线是一组平行线时才行。于是我们猜想下列轨迹是双曲线。

问题 1　设动圆与半径为 r 的定圆同心，且动圆半径不小于 r，AB 为定圆的一条直径。求以动圆的具有关于直线 AB 为对称的两个固定方向（与 AB 不平行）的切线为准线且过 A，B 两点的抛物线的焦点的轨迹。

如图 4.37 所示，设动圆具
有固定方向的两条切线为 l，这
个固定方向与 AB 的夹角为 θ，
以 l 为准线且过 A，B 两点的
抛物线的焦点为 F，由抛物线
的定义得
$|FA|=|AP_1|$，$|FB|=|BP_2|$，
此外 $|AP_1|$，$|BP_2|$ 分别是 A，
B 到 l 的距离。从 A 作 BP_2 的
垂线交 BP_2 于 C，于是有

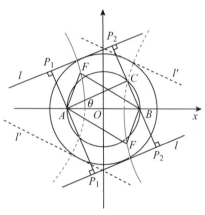

图 **4.37**

$$|FA|-|FB|=|AP_1|-|BP_2|=\pm|BC|。$$

已知 $|AB|=2r$，$\angle CAB=\theta$，所以 $|BC|=2r\sin\theta$，即 $||FA|-|FB||=$
$2r\sin\theta$。这就是说，动点 F 到两个定点 A,B 的距离之差的绝对值是
定数 $2r\sin\theta$，由双曲线的定义知，点 F 是在以 A,B 为焦点，实轴长
是 $2r\sin\theta$ 的双曲线上。但是，图 4.37 告诉我们，对于一个固定方向
（图中 l 的方向），动点 F 只能生成上述双曲线的左上半支和右下半
支（如图 4.37 中双曲线的实线部分）。要得到整个双曲线，还需添
加左下半支及右上半支，即加上关于直线 AB 为对称的部分（如图
4.37 中双曲线的虚线部分）。为此，在题设条件中，我们又给出了另
一个固定方向——与前一个固定方向关于直线 AB 为对称的固定方
向，即图 4.37 中直线 l' 的方向（直线 l' 与 l 关于直线 AB 对称）。这
样，我们才得到上述问题 1 中的轨迹是整条双曲线。

若取圆心 O 为原点，直线 AB 为 x 轴，建立平面直角坐标系，则
$A(-r,0)$，$B(r,0)$，上述轨迹即双曲线的方程为

$$\frac{x^2}{r^2\sin^2\theta}-\frac{y^2}{r^2\cos^2\theta}=1。$$

　　上述引中是从我们希望得到的轨迹是双曲线出发,逆推回去寻找合适的条件,这样得到问题 1。现在我们从改变条件着手,看看会得到什么轨迹,也可以引申出新的问题。

　　在例 4.6 中是求以大圆的任一切线 l 为准线且通过 A,B 两点的抛物线的焦点的轨迹,如果我们把抛物线换成椭圆或双曲线,结果会怎样呢?

　　设椭圆的离心率为 $e(0<e<1)$,即在图 4.38 中焦点 F 到 A 的距离与 A 到切线 l 的距离之比是 e,即 $\dfrac{|FA|}{|AP_1|}=e$, $|FA|=e|AP_1|$,同样有 $\dfrac{|FB|}{|BP_2|}=e$, $|FB|=e|BP_2|$。于是有 $|FA|+|FB|=e(|AP_1|+|BP_2|)=e(2|OQ|)=2eR$。

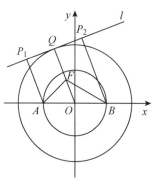

图 4.38

这样就得到 F 的轨迹仍为椭圆,该椭圆的焦点是 A, B,长轴长为 $2eR$。这样的椭圆一定存在吗? 如果长轴长比焦距还小, 即当 $2eR \leqslant 2r$ 时,这样的椭圆是不存在的。因此为了保证轨迹椭圆存在,需要在题设中对离心率加以限制,以保证 $2eR>2r$,为此只需设 $e>\dfrac{r}{R}$ 即可。于是得到

　　问题 2　给定两个半径分别为 R 和 r 的同心圆($0<r<R$), AB 为小圆的直径,求以大圆的动切线为准线,且过 A, B 两点的离心率为 e 的椭圆的焦点的轨迹,此处 $\dfrac{r}{R}<e<1$。

　　如果将例 4.6 中的抛物线换成离心率 $e>1$ 的双曲线,就得到

　　问题 3　给定两个半径分别是 R 和 r 的同心圆($0<r<R$), AB 为小圆的直径,求以大圆的动切线为准线,且过 A, B 两点的离心

率$e>1$ 的双曲线的焦点的轨迹。

经过完全类似的讨论，可得问题 3 中所求轨迹仍然是一个椭圆。其实，问题 3 的题设中要求 $R>r$ 是不必要的，当 $R<r$ 时，只要双曲线的离心率 e 满足一定要求就行，请读者自行讨论。

我们把例 4.6 题设中的抛物线换成椭圆和双曲线，引申出了问题 2 和问题 3。对于问题 1，我们也可以作完全类似的讨论，又可以引申出两个新的问题，也请读者自行讨论。

我们在前面对四个例题分别构造出了几个与它们类似的问题。从一个已知问题构造出与其类似的问题，我认为这种能力也应包含在举一反三的要求之中。

我们是如何构造类似问题的呢？

对于例 4.3，我们把题设中双曲线的右焦点换成左焦点，得到一个新问题；把题设中的双曲线换成一个椭圆，也得到一个新问题；换成抛物线，又得到一个新问题。对于前两种情形即右焦点换成左焦点和双曲线换成椭圆，类似的程度更强一点，因此比较容易想到；而后一种情形即双曲线换成抛物线，两个焦点换成一个焦点，类似的程度减弱了，因此需要加进某种猜想，因而比较困难一点，也更有趣一点。

对于例 4.4，把求三角形重心的轨迹换成求顶点的轨迹，得到一个新问题。由于例 4.4 的轨迹是椭圆，因此想到改变条件使轨迹变为双曲线，于是猜想需将题设中两中线之和改为两中线之差，得到一个新问题。若再进一步，希望轨迹变为抛物线，条件需如何改变？我没有想出来。

对于例 4.5，轨迹是椭圆，于是想到要使轨迹变为双曲线，条件应如何改变呢？分析加猜想构造出了一个新问题。还能使轨迹变为抛物线吗？这次成功了，当然需要更多的猜想。

对于例 4.6，我们是从两个方面类推的：一个从结论方面，原题中轨迹为椭圆，推想什么条件下可得双曲线；另一个从条件方面，把求抛物线焦点的轨迹换成求椭圆（双曲线）焦点的轨迹。从这两个方面都构造出了新问题。后者实际上是把离心率 $e=1$ 的情形换成了 $0<e<1$ 和 $e>1$ 即 $0<e\neq1$ 的情形，把两种情形结合起来，就得到一个关于椭圆、双曲线和抛物线都成立的统一的问题，这样就把一个特殊问题推广成了一般问题。

圆、椭圆、双曲线和抛物线是平面解析几何中研究的主要内容，如果我们注意举一反三，则在做关于这部分内容的题时，自己就可以构造出很多新题来，这样不仅可以加深对所学知识的理解和掌握，而且可以使学习充满创造性，充满乐趣。经过努力自己构造出一个好题来，确是一件使人高兴的事。罗曼·罗兰说得好："唯有创造才是欢乐"，让我们的学习充满创造和欢乐吧！

习题 11

对下列问题，先给出解答，然后举一反三，由它造出类似的题来，能造几个就造几个，并给出它们的解答。

1. 求证：椭圆 $\dfrac{x^2}{a^2}+\dfrac{y^2}{b^2}=1$ 上三点 P_1，P_2，P_3 的焦半径成等差数列的充要条件是这三点的横坐标也成等差数列。

2. 设 A_1A_2 是一个圆的直径，P_1P_2 是与 A_1A_2 垂直的弦，求直线 A_1P_1 与 A_2P_2 交点的轨迹。

习题解答

习题 1

1. 考察新拼成的图形是否确实构成一个三角形。第 1 题图中间部分由四个直角拼成，不会发生重叠，也不会出现空隙；底边 BOC 由两个直角拼成，确是一条直线段。现在考察 AD 和 DB 是否确实构成一条直线段。以直线 BC 为 x 轴，直线 OA 为 y 轴建立平面直角坐标系，由所给尺寸得 $B(-5，0)$，$D(-3，5)$，$A(0，13)$。于是 $k_{AD}=\dfrac{8}{3}$，$k_{DB}=\dfrac{5}{2}$。由 $\dfrac{5}{2}<$

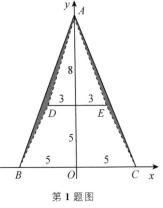

第 1 题图

$\dfrac{8}{3}$ 即 $k_{DB}<k_{AD}$，得知 DB 的倾斜角（即与 x 轴正向的夹角）小于 AD 的倾斜角，可见 AD 和 DB 并不构成一条直线段，而是构成一条下陷的折线段（如第 1 题图中虚线所示）。AE 和 EC 也同样。即新拼成的图形实际上是一个五边形 $ADBCE$，而不是 $\triangle ABC$。两者相差两个全等的小三角形（$\triangle ABD$ 与 $\triangle ACE$）。这两个小三角形的面积之和是

$$2S_{\triangle ABD}=2\times\dfrac{1}{2}\begin{vmatrix}0 & 13 & 1\\ -5 & 0 & 1\\ 3 & 5 & 1\end{vmatrix}=1，$$

正是魔术中凭空增加的那 $1\ \mathrm{cm}^2$。

习题 2

1. 如第 1 题图所示，以 AB 的中点 O 为原点，直线 AB 为 x 轴，建立平面直角坐标系。设 A，B，Q 的坐标分别为 $(a, 0)$，$(-a, 0)$ 及 (m, n)。要证 CD 中点 P 为定点，只需证点 P 的坐标与 m，n 无关；要证点 P 在 AB 的垂直平分线上，只需证

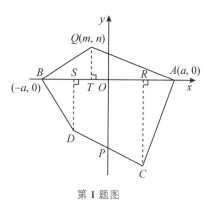

第 1 题图

点 P 在 y 轴上，即点 P 的横坐标为零；要证点 P 到 AB 的距离为 AB 之半，只需证 $|OP| = |OA|$，即点 P 的纵坐标的绝对值为 a。因此本题的关键是求出点 P 的坐标，为此需求出 C，D 的坐标。

根据点的坐标的几何意义，分别过 C，D 作 AB 的垂线交 AB 于 R，S，于是由第 1 题图得 $C(|OR|, -|CR|)$，$D(-|OS|, -|DS|)$。过 Q 作 AB 的垂线交 AB 于 T，于是有 $Q(-|OT|, |QT|)$，已知 $Q(m, n)$，所以 $|OT| = -m$，$|QT| = n$。由条件 $AC \perp QA$，$|AC| = |QA|$ 得 $\triangle ACR \cong \triangle QAT$，所以 $|AR| = |QT|$，$|CR| = |AT|$，因而 $|OR| = |OA| - |RA| = |OA| - |QT| = a - n$，$|CR| = |AT| = |AO| + |OT| = a - m$，于是得 $C(a-n, -a+m)$。同样，由条件 $BD \perp QB$，$|BD| = |QB|$ 得 $\triangle BDS \cong \triangle QBT$，所以 $|BS| = |QT|$，$|DS| = |BT|$，因而 $|OS| = |OB| - |BS| = a - |QT| = a - n$，$|DS| = |BT| = |OB| - |OT| = a + m$。于是得 $D(-a+n, -a-m)$。从而得 CD 中点 $P(0, -a)$，符合要求。

2. 猜想　先画出图（如第 2 题图(a)），想一想弦 AP_1 和 AP_2

有哪些特殊情形和极端情形。先考察一种极端情形（极限情形）即 P_1 和 A 重合，这时弦 AP_1 变成一条切线（如第 2 题图（b）），弦 AP_2 与该切线垂直，此时 P_1P_2 即为 AP_2。设定点 $A\left(\dfrac{y_0^2}{2p},\ y_0\right)$，于是点 A 处的切线为 $yy_0 = p\left(x + \dfrac{y_0^2}{2p}\right)$，从而 P_1P_2 的方程为

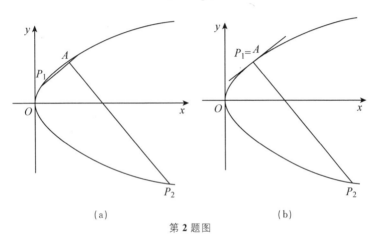

(a)　　　　　　　(b)

第 2 题图

$$y - y_0 = -\frac{y_0}{p}\left(x - \frac{y_0^2}{2p}\right)。\ (1)$$

从 P_1P_2 的方程（1）我们还看不出其上哪一点是所要求的定点。

再考察另一个极端情形。AP_2 垂直于 x 轴（如第 2 题图（c）），于是 $AP_1 \parallel x$ 轴，这时 AP_1 与抛物线的另一个交点 P_1 跑到无穷远处去了（这是因为抛

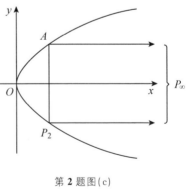

第 2 题图（c）

物线上任一个（有穷）点与 A 的连线都不会与 x 轴平行），记为 P_∞

（叫无穷远点）。这时 P_1P_2 变成 P_2P_∞ 了。我们把互相平行的直线看成是在无穷远处相交，P_1P_∞ 与 P_2P_∞ 过同一个无穷远点，故把它们看成是互相平行的。于是有 $P_2P_\infty /\!/ x$ 轴，得 P_2P_∞（即 P_1P_2）的方程为

$$y = -y_0。 \tag{2}$$

第 2 题图(b)中的 AP_2 与图(c)中的 P_2P_∞ 都应该经过那个定点，因此那个定点就应该是(1)和(2)的交点 M 了。由(1)和(2)解得交点 $M\left(2p+\dfrac{y_0^2}{2p},\ -y_0\right)$，于是猜想所求的定点为上述点 M。

　　证　设 $A\left(\dfrac{y_0^2}{2p},\ y_0\right)$，$P_1\left(\dfrac{y_1^2}{2p},\ y_1\right)$，$P_2\left(\dfrac{y_2^2}{2p},\ y_2\right)$，于是 $k_{AP_1}=$

$\dfrac{y_1-y_0}{\dfrac{y_1^2}{2p}-\dfrac{y_0^2}{2p}}=\dfrac{2p}{y_1+y_0}$，同理，$k_{AP_2}=\dfrac{2p}{y_2+y_0}$，$k_{P_1P_2}=\dfrac{2p}{y_1+y_2}$。由 $AP_1\perp AP_2$

得 $\dfrac{2p}{y_1+y_0}\cdot\dfrac{2p}{y_2+y_0}=-1$，即

$$y_1y_2+(y_1+y_2)y_0+y_0^2+4p^2=0。 \tag{3}$$

P_1P_2 的方程为 $y-y_1=\dfrac{2p}{y_1+y_2}\left(x-\dfrac{y_1^2}{2p}\right)$，即

$$2px-(y_1+y_2)y+y_1y_2=0。 \tag{4}$$

将(3)代入(4)整理得

$$2px-4p^2-y_0^2-(y_1+y_2)(y+y_0)=0。 \tag{5}$$

　　易得点 $M\left(2p+\dfrac{y_0^2}{2p},\ -y_0\right)$ 满足方程(5)，说明直线 P_1P_2 确经过点 M。

习题 3

1. 用纸折圆：取一个圆心为 O，半径为 a 的圆纸片，依次将圆的边界的各点折向圆内使其通过圆心。每折一次留下一条折痕，当折纸的次数足够多时，纸上众多的折痕就显现出一个圆（如第 1 题图(a)），它与所有的折痕都相切。这个圆的圆心在点 O，半径为 $\frac{a}{2}$。证明如下：将圆纸片边界上的任意一点 P 折到圆心 O 的折痕 AB 是 OP 的垂直平分线（如第 1 题图(b)），AB 交 OP 于 OP 的中点 M。当点 P 在圆周上变动时，M 也跟着变动，但 OM 有定长 $\frac{a}{2}$，所有这样的 M 组成一个以 O 为圆心，$\frac{a}{2}$ 为半径的圆，任意一条折痕 AB 与该圆相切于点 M，且该圆的每一条切线都是一条折痕。

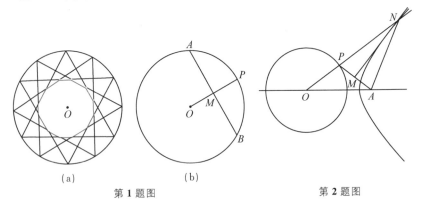

(a)　　　　　(b)

第 1 题图　　　　　第 2 题图

2. 连接 ON，AN，根据双曲线的焦点切线性质，$\angle ONA$ 的角平分线，即为双曲线在点 N 处的切线。作法（如第 2 题图）：

(1)以 O 为中心、$2a$ 为半径作圆，与 ON 交于点 P；

(2)连 AP，取 AP 中点 M；

（3）连 NM，NM 即为所求切线。

证　因为点 N 在双曲线上，O，A 为双曲线的焦点，所以 $|ON|-|AN|=2a$（实轴长）。由作法得 $|ON|-2a=|PN|$，所以 $PN=AN$，又 M 是 AP 的中点，所以 NM 垂直平分 AP，因而 $\angle PNM=\angle ANM$，MN 即为双曲线在点 N 处的切线。

3. 作法（如第 3 题图）：

（1）以 O 为圆心，$2a$ 为半径作圆 O；

（2）以 T 为中心，TA 为半径画弧交圆于 P_1，P_2 两点；

（3）连 AP_1，AP_2，取 AP_1 的中点 M_1，AP_2 的中点 M_2；

（4）连接 TM_1，TM_2，即为双曲线的切线。

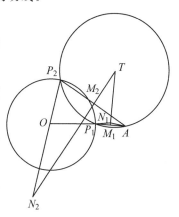

第 3 题图

证　只证 TM_1 与双曲线相切，TM_2 同理可证。TM_1 与 OP_1 交于 N_1（如第 3 题图）。由作法知 $TP_1=TA$，M_1 是 AP_1 的中点，所以 TM_1 垂直平分 AP_1，由 N_1 在 TM_1 上，得 $P_1N_1=AN_1$，因而 $|ON_1|-|AN_1|=|OP_1|=2a$，即 N_1 在双曲线上。又因为 N_1M_1 垂直平分 AP_1，所以 N_1M_1 是 $\angle P_1N_1A$ 的平分线，即 TM_1 是 $\angle ON_1A$ 的平分线，因而 TM_1 是双曲线的一条切线，切点为 N_1。

4. 我们证明如图 1.51 所作出的每一点 P_k 都在椭圆上，即 P_k 的坐标 x，y 满足方程 $\dfrac{x^2}{a^2}+\dfrac{y^2}{b^2}=1$。

设 $P_k(x，y)$ 是所做的第 k 个交点，即 Ak 与 $A'k'$ 的交点（如第

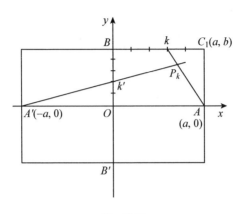

第 4 题图

4 题图）（这里 $k=1$，2，…，$n-1$）。由作法知点 $k\left(\dfrac{n-k}{n}a,\ b\right)$，点 $k'\left(0,\ \dfrac{k}{n}b\right)$，又知 $A(a,\ 0)$ 及 $A'(-a,\ 0)$，

故直线 Ak 的方程为 $\dfrac{x-a}{-\dfrac{k}{n}a}=\dfrac{y}{b}$，直线 $A'k'$ 的方程为 $\dfrac{x+a}{a}=\dfrac{y}{\dfrac{k}{n}b}$，

于是交点 $P_k(x,\ y)$ 满足方程组 $\begin{cases}\dfrac{x-a}{-\dfrac{k}{n}a}=\dfrac{y}{b}, \\[4mm] \dfrac{x+a}{a}=\dfrac{y}{\dfrac{k}{n}b}。\end{cases}$

消去参数 $\dfrac{k}{n}$，得方程　$\dfrac{x^2}{a^2}+\dfrac{y^2}{b^2}=1$，

这就说明所作的每一个交点 P_k 都是椭圆上的点。作图时分点的间隔取得越小，作出的点就越多，依次把它们平滑地连接起来，就能描出椭圆曲线。

5. 我们证明如图 1.52 所作出的每一点 P_k 都在双曲线上，即 P_k

的坐标 x, y 满足方程 $\dfrac{x^2}{a^2}-\dfrac{y^2}{b^2}=1$。

　　设所作第 k 个交点即 Ak 与 $A'k'$ 的交点 $P_k(x, y)$（如第 5 题图）（这里 $k=1$, 2, $\cdots$, $n-1$）。由作法知 $A(a, 0)$, $A'(-a, 0)$, $k\left(a+\dfrac{k(r-a)}{n}, s\right)$, $k'\left(r, \dfrac{k}{n}s\right)$。

于是

　　　　直线 Ak 的方程为 $\dfrac{x-a}{\dfrac{k(r-a)}{n}}=\dfrac{y}{s}$,

　　　　直线 $A'k'$ 的方程为 $\dfrac{x+a}{r+a}=\dfrac{y}{\dfrac{k}{n}s}$,

第 5 题图

　　故交点 P_k 的坐标 (x, y) 满足方程组
$$\begin{cases}\dfrac{x-a}{\dfrac{k}{n}(r-a)}=\dfrac{y}{s},\\[3mm]\dfrac{x+a}{r+a}=\dfrac{y}{\dfrac{k}{n}s}。\end{cases}$$

消去参数 $\dfrac{k}{n}$ 得

$$s^2(x^2-a^2)=y^2(r^2-a^2)。 \tag{1}$$

因为点 $C(r, s)$ 在双曲线上,

　　所以有 $\dfrac{r^2}{a^2}-\dfrac{s^2}{b^2}=1$, 即 $s^2=\dfrac{b^2}{a^2}(r^2-a^2)$, 代入(1)得方程

$$\dfrac{x^2}{a^2}-\dfrac{y^2}{b^2}=1,$$

这就说明所做的每一点 P_k 都在双曲线上。当作图时分点的间隔取得非常小时, 可以作出双曲线上排得很密的许多点, 把它们平滑地连接起来, 就能描出双曲线。

习题 4

1. 要求证 $AB \cdot CD + BC \cdot AD = AC \cdot BD$，这是关于线段乘积的等式。一般可以利用相似三角形，先得到线段比的等式，再化成线段乘积的等式。再有就是关于线段的问题，常常可以在线段上按需要加点，将一条线段拆成两条线段，这两条线段相加又得到原来的线段。

本题图形中就有现成的两组相似三角形：$\triangle BCE \backsim \triangle ADE$，$\triangle ABE \backsim \triangle DCE$（如第 1 题图（a）），但由相应的比例式所得乘积式中不包含要证的乘积等式中的项，因此得想办法利用另外的相似三角形。

我们先来考察一个特殊情形，BD 平分 $\angle ABC$（如第 1 题图（b）），设 BD 交 AC 于 K，于是有 $\triangle ABK \backsim \triangle BDC$，$\dfrac{AB}{BD} = \dfrac{AK}{CD}$，即

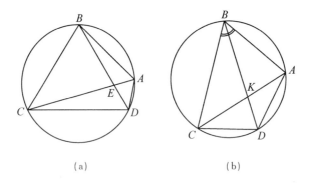

(a)　　　　　　　　　(b)

第 **1** 题图

$$AB \cdot CD = BD \cdot AK。 \qquad (1)$$

又 $\triangle BCK \backsim \triangle BDA$，$\dfrac{BC}{BD}=\dfrac{CK}{AD}$，即 $BC \cdot AD = BD \cdot CK$，　　　(2)

(1)+(2)得　$AB \cdot CD + BC \cdot AD = BD(AK+CK) = BD \cdot AC$。

本题得证。

因此我们想到：对于一般情形(BD 不必平分 $\angle ABC$)，只要在 AC 上有点 K 使(1)(2)成立，本题即可得证。而要(1)(2)成立只需 $\triangle ABK \backsim \triangle DBC$，$\triangle BCK \backsim \triangle BDA$ 即可。为此只需 $\angle ABK = \angle DBC$，$\angle CBK = \angle DBA$ 即可，于是想到在 AC 上取一点 K 使 $\angle CBK = \angle DBA$(或 $\angle ABK = \angle DBC$)，如图 2.15 所示。

2. 设过点 $P(c,d)$ 的弦 P_1P_2 所在直线为 $y-d=k(x-c)$，该直线与圆 $x^2+y^2=a^2$ 的两个交点为 P_1，P_2。解方程组

$$\begin{cases} x^2+y^2=a^2, & (1) \\ y-d=k(x-c)。 & (2) \end{cases}$$

将(2)代入(1)得

$$(1+k^2)x^2 - 2k(kc-d)x + k^2c^2 - 2kcd + d^2 - a^2 = 0。\quad (3)$$

设(3)的两根为 x_1，x_2，于是有 $x_1+x_2=\dfrac{2k(kc-d)}{1+k^2}$，　　(4)

此处 x_1，x_2 即为点 P_1，P_2 的横坐标。由于弦 P_1P_2 被点 $P(c,d)$ 平分，所以有 $\dfrac{x_1+x_2}{2}=c$，代入(4)得 $\dfrac{k(kc-d)}{1+k^2}=c$。　　(5)

当 $d=0$，$c=0$ 时，由(5)解得 k 可取任意值。此时所求直线方程为 $y=kx$(k 任意)。当 k 不存在时，所求直线方程为 $x=0$。

当 $d=0$，$c \neq 0$ 时，由(5)得 $k^2c=k^2c+c$。因 $c \neq 0$，故 k 不存在，此时所求直线方程为 $x-c=0$。

当 $d \neq 0$ 时，由(5)解得 $k=-\dfrac{c}{d}$，此时所求直线方程为

$$y-d=-\frac{c}{d}(x-c)，\quad 即\quad cx+dy-d^2-c^2=0。$$

上述解法与例 2.6 所给解法的比较：在例 2.6 所给解法中充分利用了平面几何中关于圆的几何性质——从圆心向弦所作垂线必平分该弦，因此解法很简捷；而上述解法完全用解析法，未利用圆特有的性质，因此计算较为复杂。但上述解法也有优点，即它具有一般性，可以推广，对于椭圆、双曲线和抛物线也都适用；而例 2.6 所给解法只适用于圆，对于椭圆、双曲线和抛物线都不再适用。

3. 设点 $B(x_1，y_1)$，点 $A(x_3，y_3)$，线段 AB 的中点为 $M(x，y)$，于是有

$$x=\frac{x_1+x_3}{2}，\tag{1}$$

$$y=\frac{y_1+y_3}{2}。\tag{2}$$

因为点 B 在大圆上，点 A 在小圆上，所以有

$$x_1^2+y_1^2=R^2，\tag{3}$$
$$x_3^2+y_3^2=r^2。\tag{4}$$

因为点 $P(-r，0)$，$PB\perp PA$，所以有

$$\frac{y_1}{x_1+r}\cdot\frac{y_3}{x_3+r}=-1。\tag{5}$$

由 (1)～(5) 中消去参数 x_1，y_1，x_3，y_3，即可得点 M 的轨迹方程。

由 (5) 得
$$y_1y_3+x_1x_3+r(x_1+x_3)+r^2=0，\tag{6}$$

(3)+(4)+2×(6) 得

$$(x_1+x_3)^2+(y_1+y_3)^2+2r(x_1+x_3)-R^2+r^2=0。\tag{7}$$

由 (1) 及 (2) 得 $x_1+x_3=2x$，$y_1+y_3=2y$，代入 (7) 得

$$4x^2+4y^2+4rx-R^2+r^2=0，$$

即
$$\left(x+\frac{r}{2}\right)^2+y^2=\frac{R^2}{4}。$$

这就是所求点 M 的轨迹方程，它表示一个圆。

习题 5

1. 要将 $180°$ 的角三等分，只需作出 $60°$ 的角即可，而要将 $90°$ 的角三等分，只需作出 $30°$ 的角即可。

作法 1（如第 1 题图）　$\angle AOB = 180°$，以 O 为中心，任意长 r 为半径作半圆交 OA 于 C，交 OB 于 D，再以 D 为中心、r 为半径画弧交半圆于 E，连 OE，则 $\angle EOD = 60°$，OE 即为 $\angle AOB$ 的一条三等分线。

再作 $\angle EOD$ 的平分线 OF，则 $\angle FOD = 30°$。

作法 2　由 $\cos 60° = \dfrac{1}{2} = \dfrac{邻边}{斜边}$，如第 1 题图(b)所示，作 $OQ = 1$，过 Q 作 OQ 的垂线，以 O 为圆心、2 为半径画弧交垂线于 P，连 OP，则 $\angle POQ = 60°$。

由 $\cos 30° = \dfrac{\sqrt{3}}{2} = \dfrac{邻边}{斜边}$，如第 1 题图(c)所示，作 $OS = 1$，作 $OQ \perp OS$，以 S 为圆心、2 为半径画弧与 OQ 交于 Q，则 $OQ = \sqrt{3}$。过 Q 作 OQ 的垂线，以 O 为圆心、2 为半径画弧交垂线于 P，连 OP，则 $\angle POQ = 30°$。

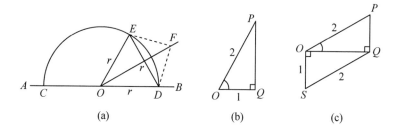

(a)　　(b)　　(c)

第 **1** 题图

2. 在图 2.26 中连接 BC 得四边形 $ABCD$，这里 $\angle CDA$ 及 $\angle BAD$ 皆为直角，且两对角线 $AC \perp BD$（如第 2 题图）。由 CD 与 AB 同时垂直于 AD 得 $CD \parallel AB$，因此有 $\angle CDO = \angle ABO$，$\angle OCD = \angle OAB$，于是 $Rt\triangle ODC \backsim Rt\triangle OBA$，得 $\dfrac{OD}{OC} = \dfrac{OB}{OA}$。

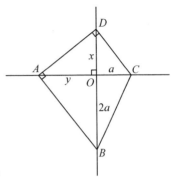

第 **2** 题图

由 $\angle ADO = 90° - \angle CDO = \angle OCD$ 及 $\angle OAD = 90° - \angle ODA = \angle CDO$，得 $Rt\triangle OAD \backsim Rt\triangle ODC$，$\dfrac{OA}{OD} = \dfrac{OD}{OC}$。于是有 $\dfrac{OA}{OD} = \dfrac{OD}{OC} = \dfrac{OB}{OA}$。因为 $OA = y$，$OB = 2a$，$OC = a$，$OD = x$，所以有 $\dfrac{y}{x} = \dfrac{x}{a} = \dfrac{2a}{y}$，得 $x^2 = ay$ 及 $xy = 2a^2$，消去 y 即得 $x^3 = 2a^3$。这就证明了 x 即为体积是已知立方体 2 倍的新立方体的边长。

3. 在图 2.27 中连接 OB，因 B 在圆上，所以 $OB = r$（如第 3 题图）。设 $\angle CAE = x$，已知 $AB = r$，于是 $AB = OB$，$\angle BAO = \angle BOA$。又点 C 在圆上，所以 $OC = r$，于是 $OC = OB$，$\angle OCB = \angle OBC = \angle BAO + \angle BOA = 2\angle BAO = 2x$。因为 $\angle COE = \alpha$ 是 $\triangle CAO$ 的外角，所以有

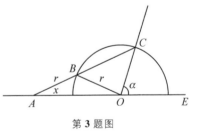

第 **3** 题图

$$\alpha = \angle OCA + \angle OAC = \angle OCB + \angle CAE = 2x + x = 3x,$$

即得 $x = \dfrac{\alpha}{3}$。

注　我们这里证明的实际上是阿基米德的一个命题：“如果从圆外一点向圆作两条割线，使一条通过圆心，另一条在圆外部分线段的长度等于圆的半径，那么两条割线之间的夹角，等于这两条割线所夹大弧的 $\dfrac{1}{3}$。”

正是由于这个原因，我们才把以上述命题为根据的作图法（如图 2.27）称为阿基米德三等分角作图法。

4. 在图 2.28 中，连接半圆的圆心 O 和已知角的顶点 Q（如第 4 题图），由于 QP 与半圆相切于点 P，所以 $OP \perp QP$，$OP = OB$。又已知 $BR = OB$，$\angle QBR = 90°$，且 O，B，R 在一条直线

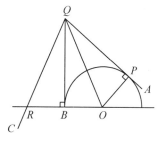

第 **4** 题图

上，所以 $\angle QBO = 90°$，于是得到 $\triangle QBR$，$\triangle QBO$ 及 $\triangle QPO$ 为三个全等的直角三角形。所以 $\angle RQB = \angle OQB = \angle OQP$，即 $\angle RQB = \dfrac{1}{3}\angle PQR = \dfrac{1}{3}\angle AQC$，这就证明了 QB 和 QO 将 $\angle AQC$ 三等分。

习题 6

1.（建立平面直角坐标系使 A，B，C，D 地位平等，从而可以运用轮换技巧。）设 $A(x_A，y_A)$，$B(x_B，y_B)$，$C(x_C，y_C)$，$D(x_D，y_D)$。AB 的垂直平分线，即过 AB 的中点且与 AB 垂直的直线（如第 1 题图）的方程为

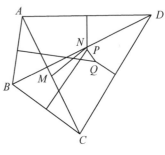

第 1 题图

$$y - \frac{y_A + y_B}{2} = -\frac{x_A - x_B}{y_A - y_B}\left(x - \frac{x_A + x_B}{2}\right),$$

即 $$\left(x - \frac{x_A + x_B}{2}\right)(x_A - x_B) + \left(y - \frac{y_A + y_B}{2}\right)(y_A - y_B) = 0。 \quad (1)$$

同理可得 CD 的垂直平分线的方程为

$$\left(x - \frac{x_C + x_D}{2}\right)(x_C - x_D) + \left(y - \frac{y_C + y_D}{2}\right)(y_C - y_D) = 0。 \quad (2)$$

$(1) + (2)$ 得

$$(x_A - x_B + x_C - x_D)x + (y_A - y_B + y_C - y_D)y -$$

$$\frac{1}{2}(x_A^2 - x_B^2 + x_C^2 - x_D^2 + y_A^2 - y_B^2 + y_C^2 - y_D^2) = 0。 \quad (3)$$

这是过 AB 与 CD 的垂直平分线（1）与（2）的交点 Q 的直线。在（3）中将字母的脚码 B 与 D 对换后，（3）保持不变，说明（3）也是过 AD 与 CB 的垂直平分线的交点 P 的直线，于是（3）即为直线 PQ 的方程。

由（3）得 $k_{PQ} = -\dfrac{x_A - x_B + x_C - x_D}{y_A - y_B + y_C - y_D}$。

另一方面，由 AC 的中点 $M\left(\dfrac{x_A+x_C}{2}, \dfrac{y_A+y_C}{2}\right)$ 及 BD 的中点

$N\left(\dfrac{x_B+x_D}{2}, \dfrac{y_B+y_D}{2}\right)$ 得 $k_{MN}=\dfrac{y_A-y_B+y_C-y_D}{x_A-x_B+x_C-x_D}$。

于是有 $k_{PQ}=-\dfrac{1}{k_{MN}}$，因而得到 $PQ\perp MN$。

2. **解法 1**（用点到直线的距离解）　所求直线 l 是到 l_1 的距离与到 l_2 的距离之比是 $1:2$ 的动点的轨迹。设动点坐标为 (x, y)，则有

$$\frac{|3x+2y-6|}{\sqrt{3^2+2^2}}:\frac{|6x+4y-3|}{\sqrt{6^2+4^2}}=1:2,$$

即

$$\frac{2|3x+2y-6|}{\sqrt{13}}=\frac{|6x+4y-3|}{\sqrt{52}},$$

即

$$4|3x+2y-6|=|6x+4y-3|,$$

去绝对值号得

$$4(3x+2y-6)=\pm(6x+4y-3),$$

得

$$6x+4y-21=0, \tag{1}$$

及

$$6x+4y-9=0。 \tag{2}$$

还需判断(1)(2)中哪一条位于 l_1 与 l_2 之间。比较直线(1)(2)与 x 轴的交点和 l_1，l_2 与 x 轴的交点之间的位置关系：(1)(2)与 x 轴的交点分别为 $Q_1\left(\dfrac{7}{2}, 0\right)$，$Q_2\left(\dfrac{3}{2}, 0\right)$，$l_1$，$l_2$ 与 x 轴的交点分别为 $P_1(2, 0)$，$P_2\left(\dfrac{1}{2}, 0\right)$。由 Q_2 在 P_1，P_2 之间得(2)为所求直线方程。

解法 2（用定比分点解）　l_1，l_2 与 x 轴的交点分别为 $P_1(2, 0)$，$P_2\left(\dfrac{1}{2}, 0\right)$。求出分线段 P_1P_2 为 $1:2$ 的分点 $P\left(\dfrac{3}{2}, 0\right)$，过

P 平行于l_1的直线为

$$6x+4y-9=0,$$

此即为所求直线(如第 2 题图)。

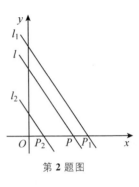

第 **2** 题图

比较和评论 解法 1 用点到直线的距离,公式中有绝对值号,去绝对值号后得两条直线,还需判断其中哪一条符合题目要求(在 l_1 与 l_2 之间);而解法 2 运用定比分点则无此麻烦。

3. 令$\dfrac{P_1P}{PP_2}=\lambda$,则点 $P\left(\dfrac{x_1+\lambda x_2}{1+\lambda},\ \dfrac{y_1+\lambda y_2}{1+\lambda}\right)$。因点 P 在直线 l 上,所以点 P 的坐标应满足直线 l 的方程。将点 P 的坐标代入直线方程,解得

$$\lambda=-\frac{ax_1+by_1+c}{ax_2+by_2+c}。$$

习题 7

1. 如第 1 题图所示，以 C 为原点，CB，CA 分别为 x 轴和 y 轴，建立仿射坐标系。于是有 $C(0，0)$，设 $B(3，0)$，$A(0，3)$，由题设有 $D(2，0)$，$E(0，1)$。于是有 AD：$\dfrac{x}{2}+\dfrac{y}{3}=1$，$BE$：$\dfrac{x}{3}+$

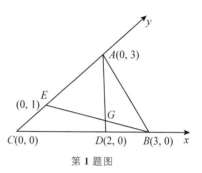

第 **1** 题图

$y=1$，可解得 AD 与 BE 的交点 $G\left(\dfrac{12}{7}，\dfrac{3}{7}\right)$。于是有

$$\frac{GD}{AD}=\frac{x_D-x_G}{x_D-x_A}=\frac{2-\dfrac{12}{7}}{2-0}=\frac{1}{7}，$$

$$\frac{GE}{BE}=\frac{y_E-y_G}{y_E-y_B}=\frac{1-\dfrac{3}{7}}{1-0}=\frac{4}{7}。$$

2. 如第 2 题图所示，以 B 为原点，BC 为 x 轴，BA 为 y 轴，建立仿射坐标系，于是有 $B(0，0)$，设 $C(3，0)$，$A(0，3)$，由题设得 $D(1，0)$，$E(2，1)$，$F(0，2)$。于是有

$$AD：x+\frac{y}{3}=1，\qquad(1)$$

$$BE：y=\frac{x}{2}，\qquad(2)$$

$$CF：\frac{x}{3}+\frac{y}{2}=1。\qquad(3)$$

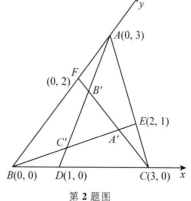

第 **2** 题图

由(1)(2)解得 AD 与 BE 的交点 $C'\left(\dfrac{6}{7},\ \dfrac{3}{7}\right)$；

由(2)(3)解得 BE 与 CF 的交点 $A'\left(\dfrac{12}{7},\ \dfrac{6}{7}\right)$；

由(3)(1)解得 CF 与 AD 的交点 $B'\left(\dfrac{3}{7},\ \dfrac{12}{7}\right)$。

于是有

$$S_{\triangle ABC}=\frac{1}{2}\begin{vmatrix} 0 & 3 & 1 \\ 0 & 0 & 1 \\ 3 & 0 & 1 \end{vmatrix}=\frac{9}{2},$$

$$S_{\triangle DEF}=\frac{1}{2}\begin{vmatrix} 1 & 0 & 1 \\ 2 & 1 & 1 \\ 0 & 2 & 1 \end{vmatrix}=\frac{3}{2},$$

$$S_{\triangle A'B'C'}=\frac{1}{2}\begin{vmatrix} \dfrac{12}{7} & \dfrac{6}{7} & 1 \\ \dfrac{3}{7} & \dfrac{12}{7} & 1 \\ \dfrac{6}{7} & \dfrac{3}{7} & 1 \end{vmatrix}=\frac{1}{2}\times\frac{3}{7}\times\frac{3}{7}\begin{vmatrix} 4 & 2 & 1 \\ 1 & 4 & 1 \\ 2 & 1 & 1 \end{vmatrix}$$

$$=\frac{3\times3}{2\times7\times7}\times7=\frac{9}{14}。$$

于是得　　$\dfrac{S_{\triangle DEF}}{S_{\triangle ABC}}=\dfrac{\dfrac{3}{2}}{\dfrac{9}{2}}=\dfrac{1}{3}$，$\dfrac{S_{\triangle A'B'C'}}{S_{\triangle ABC}}=\dfrac{\dfrac{9}{14}}{\dfrac{9}{2}}=\dfrac{1}{7}$。

3. 记 $\dfrac{BP}{PC}=\lambda$，$\dfrac{CQ}{QA}=\mu$，$\dfrac{AR}{RB}=\upsilon$，于是要证明的充要条件可表示为 $\lambda\mu\upsilon=1$。如第 3 题图所示，以 B 为原点，C 和 A 为 x 轴和 y 轴上的单位点，建立仿射坐标系。于是有 $B(0,\ 0)$，$C(1,\ 0)$，$A(0,$

1)，进而有

$$P\left(\frac{\lambda}{1+\lambda},\ 0\right),$$

$$Q\left(\frac{1}{1+\mu},\ \frac{\mu}{1+\mu}\right),$$

$$R\left(0,\ \frac{1}{1+\upsilon}\right).$$

AP，BQ，CR 的方程分别为

$$AP:\ \frac{x}{\frac{\lambda}{1+\lambda}}+y=1,$$

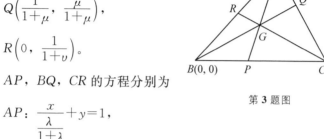

第 **3** 题图

即 $(1+\lambda)x+\lambda y=\lambda,$　　　　　　　　　　　　　　　　　　　　(1)

$$BQ:\ \frac{x}{\frac{1}{1+\mu}}=\frac{y}{\frac{\mu}{1+\mu}},\ \ 即\ \mu x-y=0,$$　　　　　　　　(2)

$$CR:\ x+\frac{y}{\frac{1}{1+\upsilon}}=1,\ \ 即\ x+(1+\upsilon)y=1。$$　　　　　　(3)

设 AP 与 BQ 的交点为 G，由(1)(2)解得

$$G\left(\frac{\lambda}{1+\lambda+\lambda\mu},\ \frac{\lambda\mu}{1+\lambda+\lambda\mu}\right).$$

于是有

AP，BQ，CR 三线共点 $\Longleftrightarrow AP$ 与 BQ 的交点 G 在 CR 上

$$\Longleftrightarrow G\ 的坐标满足\ CR\ 的方程$$

$$\Longleftrightarrow \frac{\lambda}{1+\lambda+\lambda\mu}+(1+\upsilon)\frac{\lambda\mu}{1+\lambda+\lambda\mu}=1$$

$$\Longleftrightarrow \lambda+\lambda\mu+\lambda\mu\upsilon=1+\lambda+\lambda\mu$$

$$\Longleftrightarrow \lambda\mu\upsilon=1。$$

习题 8

1. 正三角形的一边可以看成由另一边旋转 $\dfrac{\pi}{3}$ 得到，因此本题用复数可能比较方便。

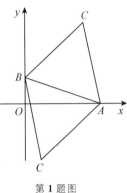

第 1 题图

设 $B(0, \lambda)$，λ 为参数，$C(x, y)$。把坐标平面看成复平面，点 A 表示的复数记为 $z_A = a$，$\overrightarrow{AB}$ 表示的复数记为 $z_{\overrightarrow{AB}} = z_B - z_A = -a + \lambda i$。因为 $\triangle ABC$ 为正三角形，所以 $\overrightarrow{AC}$ 可以看成是由 $\overrightarrow{AB}$ 绕点 A 旋转 $\dfrac{\pi}{3}$ 得到的，沿顺时针方向旋转与沿逆时针方向旋转都符合要求（如第 1 题图），因而由旋转的复数表示有

$$z_{\overrightarrow{AC}} = z_{\overrightarrow{AB}}\left[\cos\left(\pm\dfrac{\pi}{3}\right) + i\sin\left(\pm\dfrac{\pi}{3}\right)\right] = (-a + \lambda i)\left(\dfrac{1}{2} \pm \dfrac{\sqrt{3}}{2}i\right)$$

$$= \left(-\dfrac{a}{2} \mp \dfrac{\sqrt{3}}{2}\lambda\right) + \left(\dfrac{\lambda}{2} \mp \dfrac{\sqrt{3}}{2}a\right)i。$$

因为 $z_{\overrightarrow{AC}} = z_C - z_A$，所以

$$z_C = z_A + z_{\overrightarrow{AC}} = a + \left[\left(-\dfrac{a}{2} \mp \dfrac{\sqrt{3}}{2}\lambda\right) + \left(\dfrac{\lambda}{2} \mp \dfrac{\sqrt{3}}{2}a\right)i\right]$$

$$= \left(\dfrac{a}{2} \mp \dfrac{\sqrt{3}}{2}\lambda\right) + \left(\dfrac{\lambda}{2} \mp \dfrac{\sqrt{3}}{2}a\right)i。$$

另一方面，已有 $C(x, y)$，即 $z_C = x + iy$，所以得

$$\begin{cases} x = \dfrac{a}{2} - \dfrac{\sqrt{3}}{2}\lambda, \\[2mm] y = -\dfrac{\sqrt{3}}{2}a + \dfrac{\lambda}{2} \end{cases} \quad 及 \quad \begin{cases} x = \dfrac{a}{2} + \dfrac{\sqrt{3}}{2}\lambda, \\[2mm] y = \dfrac{\sqrt{3}}{2}a + \dfrac{\lambda}{2}。 \end{cases} \quad （\lambda \text{ 为参数}）$$

消去参数 λ，得 $x\pm\sqrt{3}y+a=0$，表示两条相交直线。

2. 矩形的一边可以看成由另一边的适当倍数旋转 $\dfrac{\pi}{2}$ 得到，因此本题用复数可能比较方便。

设 $P(a\cos\theta,b\sin\theta)$，$R(x,y)$。把坐标平面看成复平面，点 P 表示的复数 z_P 即向量 $\overrightarrow{OP}$ 表示的复数 $z_{\overrightarrow{OP}}$，于是

$$z_{\overrightarrow{OP}}=z_p=a\cos\theta+ib\sin\theta。$$

因为 $\overrightarrow{OR}$ 可以看成是由 $2\overrightarrow{OP}$ 绕点 O 沿逆时针方向旋转 $90°$ 得到的（如第 2 题图），所以有

$$z_R=z_{\overrightarrow{OR}}=2z_{\overrightarrow{OP}}\cdot i=2(a\cos\theta+ib\sin\theta)i=-2b\sin\theta+i2a\cos\theta。$$

因为 $z_R=x+iy$，所以有

$$\begin{cases} x=-2b\sin\theta, \\ y=2a\cos\theta。 \end{cases}$$

消去参数 θ，得

$$\frac{x^2}{4b^2}+\frac{y^2}{4a^2}=1。$$

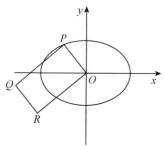

第 2 题图

3. 本题涉及正方形的中心，正方形被它的两条对角线分成四个等腰直角三角形。等腰直角三角形的一边，可以看成由另一边旋转而得，因此用复数可能会比较方便。

设 $B(\cos\theta,\sin\theta)$，$(0\leqslant\theta\leqslant\pi)$，$P(x,y)$。点 A 表示的复数记为 $z_A=-2$。向量 $\overrightarrow{AB}$ 表示的复数记为 $z_{\overrightarrow{AB}}=$

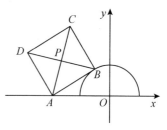

第 3 题图(a)

$z_B - z_A = (2 + \cos\theta) + i\sin\theta$，$\overrightarrow{AP}$可看成是由$\dfrac{1}{\sqrt{2}}\overrightarrow{AB}$绕点 A 沿逆时

针方向旋转$\dfrac{\pi}{4}$得到的（因为是在上半平面作正方形 $ABCD$，所以顶

点的顺序为逆时针方向，如第 3 题图(a)），于是有

$$z_{\overrightarrow{AP}} = \frac{1}{\sqrt{2}} z_{\overrightarrow{AB}}\left(\cos\frac{\pi}{4} + i\sin\frac{\pi}{4}\right) = \frac{1}{\sqrt{2}}(2 + \cos\theta + i\sin\theta)\left(\frac{1}{\sqrt{2}} + i\frac{1}{\sqrt{2}}\right)$$

$$= 1 + \frac{1}{2}(\cos\theta - \sin\theta) + i\left[1 + \frac{1}{2}(\cos\theta + \sin\theta)\right]。$$

又因为 $z_{\overrightarrow{AP}} = z_P - z_A$，所以有

$$z_P = z_A + z_{\overrightarrow{AP}} = -1 + \frac{1}{2}(\cos\theta - \sin\theta) + i\left[1 + \frac{1}{2}(\cos\theta + \sin\theta)\right]。$$

另一方面又有 $z_P = x + iy$，所以得

$$\begin{cases} x = -1 + \dfrac{1}{2}(\cos\theta - \sin\theta), \\ y = 1 + \dfrac{1}{2}(\cos\theta + \sin\theta), \end{cases} \quad (0 \leqslant \theta \leqslant \pi)。$$

消去参数 θ 得

$$(x+1)^2 + (y-1)^2 = \frac{1}{2}。$$

因为点 B 在上半圆上，所以 $0 \leqslant \theta \leqslant$
π，于是有 $\sin\theta \geqslant 0$，而 $\sin\theta = y - x - 2$，因此所求轨迹方程为

$$(x+1)^2 + (y-1)^2 = \frac{1}{2}。$$

$$y - x - 2 \geqslant 0。$$

轨迹曲线是第 3 题图(b)中直线 MN
上方的半圆周。

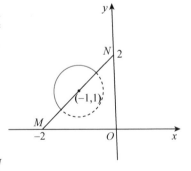

第 3 题图(b)

4. 设□$ABCD$，以 AB，BC，CD，

DA 为边的正方形的中心依次为 L，

M，N，P（如第 4 题图）。要证四边形

$LMNP$ 为正方形，需证

$$|LM| = |MN| = |NP| = |PL|,$$

且两邻边互相垂直。

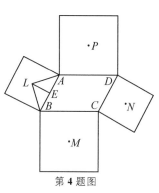

第 4 题图

如能证明四边形的每相邻两边，其

中一边都可由另一边旋转 90° 得到，则

该四边形就是正方形了。因此用复数可能会比较方便。

把坐标平面看成复平面，记 z_A 为点 A 表示的复数，设 AB 的

中点为 E，则 $z_E = \dfrac{1}{2}(z_A + z_B)$。记 $z_{\overrightarrow{EL}}$ 为向量 $\overrightarrow{EL}$ 表示的复数。因为

$\overrightarrow{EL}$ 可以看成是由 $\overrightarrow{EB}$ 绕点 E 沿顺时针方向旋转 90° 得到的，所以有

$$z_{\overrightarrow{EL}} = z_{\overrightarrow{EB}}(-\mathrm{i}) = (z_B - z_E)(-\mathrm{i})$$

$$= \left[z_B - \frac{1}{2}(z_A + z_B)\right](-\mathrm{i}) = \frac{1}{2}(z_A - z_B)\mathrm{i}。$$

因为 $z_{\overrightarrow{EL}} = z_L - z_E$，所以

$$z_L = z_E + z_{\overrightarrow{EL}} = \frac{1}{2}(z_A + z_B) + \frac{\mathrm{i}}{2}(z_A - z_B)。$$

同理（只需在上式中将 A 换成 B，B 换成 C 即得）有

$$z_M = \frac{1}{2}(z_B + z_C) + \frac{\mathrm{i}}{2}(z_B - z_C), \quad z_N = \frac{1}{2}(z_C + z_D) + \frac{\mathrm{i}}{2}(z_C - z_D),$$

$$z_P = \frac{1}{2}(z_D + z_A) + \frac{\mathrm{i}}{2}(z_D - z_A)。$$

于是 $z_{\overrightarrow{LP}} = z_P - z_L = \frac{1}{2}(z_D - z_B) + \frac{\mathrm{i}}{2}[z_D - z_A - (z_A - z_B)]$，

$$z_{\overrightarrow{LM}} = z_M - z_L = \frac{1}{2}(z_C - z_A) + \frac{\mathrm{i}}{2}[z_B - z_C - (z_A - z_B)]。$$

因为四边形 $ABCD$ 是平行四边形，所以 $\overrightarrow{BA}=\overrightarrow{CD}$，故 $z_{\overrightarrow{BA}}=z_{\overrightarrow{CD}}$，$z_A-z_B=z_D-z_C$。在上述 $z_{\overrightarrow{LP}}$ 与 $z_{\overrightarrow{LM}}$ 的表示式中，将 z_A-z_B 用 z_D-z_C 代入得 $z_{\overrightarrow{LP}}=\dfrac{1}{2}(z_D-z_B)+\dfrac{\mathrm{i}}{2}(z_C-z_A)$，$z_{\overrightarrow{LM}}=\dfrac{1}{2}(z_C-z_A)+\dfrac{\mathrm{i}}{2}(z_B-z_D)$。比较上两式得 $z_{\overrightarrow{LP}}\cdot(-\mathrm{i})=z_{\overrightarrow{LM}}$，说明 $\overrightarrow{LM}$ 是由 $\overrightarrow{LP}$ 绕 L 沿顺时针方向旋转 $90°$ 得到的。于是有 $|LM|=|LP|$，且 $LM\perp LP$。同理可得 $|MN|=|ML|$，$|NP|=|NM|$，$|PL|=|PN|$ 及 $MN\perp ML$，$NP\perp NM$，$PN\perp PL$，即四边形 $LMNP$ 为正方形。

5. 在复平面上满足条件 $|z-3-4\mathrm{i}|\leqslant2$ 的复数 z 表示的点 Z 构成以点 $C(3,4)$ 为圆心，2 为半径的圆面（如第 5 题图）。

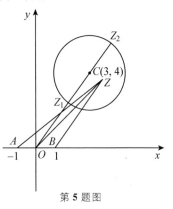

$|z+1|$ 和 $|z-1|$ 的几何意义是什么呢？令 $z_A=-1$，即设 $A(-1,0)$，于是 $|z+1|=|z_Z-z_A|=|z_{\overrightarrow{AZ}}|=|AZ|$；令 $z_B=1$，即设 $B(1,0)$，于是 $|z-1|=|z_Z-z_B|=|z_{\overrightarrow{BZ}}|=|BZ|$。

第 5 题图

于是原题的几何意义是求圆面上的点 Z 与定点 A，B 的距离 $|AZ|$，$|BZ|$ 的平方和的最大值和最小值。以 ZA，ZB 为邻边作一平行四边形，于是对角线长为 $2(|OZ|+|OA|)$。根据平行四边形两对角线长的平方和等于四边长的平方和得

$$4(|OZ|^2+|OA|^2)=2(|AZ|^2+|BZ|^2)。$$

设直线 OC 与圆交于 Z_1，Z_2 两点，当 Z 在圆面上变动时 OZ 的最大值为 OZ_2，最小值为 OZ_1（如第 5 题图）。$|OA|=1$，$|OC|=\sqrt{3^2+4^2}=5$，$|OZ_1|=|OC|-2=3$，$|OZ_2|=|OC|+2=7$，所以 $|AZ|^2+|BZ|^2$ 的最大值为 $2(|OZ_2|^2+|OA|^2)=2(7^2+1^2)=100$，

最小值为 $2(|OZ_1|^2+|OA|^2)=2\times(3^2+1^2)=20$。

习题 9

1. 设有 $A(a_1, b_1)$，$B(a_2, b_2)$，$O(0, 0)$，则题目中求证的不等式的几何意义为

$$||OA| - |OB|| \leqslant |BC| + |AC|,$$

此处 $C(a_1, b_2)$（如第 1 题图）。而上述几何不等式由三角形两边之差小于第三边及三角形两边之和大于第三边即可得到。

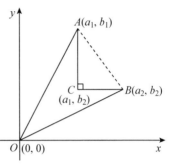

第 1 题图

等号成立的条件是 A 与 B 重合，或 A，B 同在 x 轴（或 y 轴）上且在原点同侧。在代数上则是 $a_1 = a_2$ 且 $b_1 = b_2$，或 a_1，a_2 同号且 $b_1 = b_2 = 0$，或 b_1，b_2 同号且 $a_1 = a_2 = 0$。

2. $z = (x-p)^2 + (y-q)^2$ 表示 z 是动点 $M(x, y)$ 与定点 $C(p, q)$ 间距离的平方。又动点 M 在直线 l：$ax + by = 0$ 上。于是原问题转化为当点 M 在定直线 l 上变动时，求 M 到定点 C（不在 l 上）的距离的平方的最小值。由几何知，C 到直线 l 的距离 d 是 C 到 l 上各点距离的最小值（如第 2 题图）。由

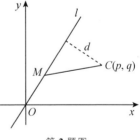

第 2 题图

$$d = \frac{|ap + bq|}{\sqrt{a^2 + b^2}} = |ap + bq|$$

得所求 z 的最小值为 d^2，即

$$z_{min} = (ap + bq)^2 。$$

3. 将 $y = c - x$ 代入 $\sqrt{a^2 + x^2} + \sqrt{b^2 + y^2}$，得 $\sqrt{a^2 + x^2} + \sqrt{b^2 + (c-x)^2}$，将其改写为

$$\sqrt{(x-0)^2 + (0-a)^2} + \sqrt{(c-x)^2 + (b-0)^2}, \qquad (1)$$

设有 $A(0，a)$，$B(c，b)$，$P(x，0)$，则式(1)的几何意义为

$$|AP| + |BP| 。$$

于是，原问题转化为当点 P 在 x 轴上变动时，求 P 到两定点 A，B 距离之和的最小值。

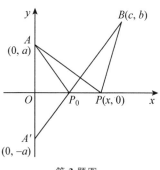

由几何知，点 A 关于 x 轴的对称点 A' 与 B 的距离 $|A'B|$ 即为所求之最小值(如第 3 题图)。由 $A'(0，-a)$ 得

$$|A'B| = \sqrt{c^2 + (a+b)^2},$$

第 3 题图

这就是所求的最小值。

4. 设有 $P(a，b)$，$Q\left(-\dfrac{1}{a}，-\dfrac{1}{b}\right)$，则不等式左端的几何意义是点 P 与点 Q 距离 $|PQ|$ 的平方。于是原问题转化为求证 $|PQ| \geqslant \dfrac{5}{\sqrt{2}}$。点 P 在直线 $l: x + y = 1$ 上，点 Q 在哪里呢？考虑参数方程

$$\begin{cases} x = -\dfrac{1}{a}, \\ y = -\dfrac{1}{b}, \end{cases} \quad (a + b = 1，a > 0，b > 0),$$

消去参数 a，b 得

$$xy + x + y = 0,$$

即 $(x+1)(y+1) = 1,$

且 $x < -1$，$y < -1$，表示以 $x =$
-1 及 $y = -1$ 为渐近线的等轴
双曲线的左下支 m，点 Q 即在
该曲线 m 上（如第 4 题图）。由
图 可 知，取 $P_0\left(\dfrac{1}{2}, \dfrac{1}{2}\right)$ 及

$Q_0(-2, -2)$ 时，$|P_0Q_0| = \dfrac{5}{\sqrt{2}}$

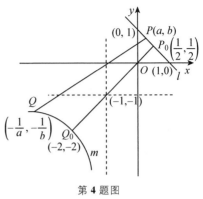

第 **4** 题图

为 $|PQ|$ 之最小值。因此得到
$|PQ| \geqslant \dfrac{5}{\sqrt{2}}$，从而有 $|PQ|^2 \geqslant \dfrac{25}{2}$。

或者，由于 $|PQ|$ 不小于 Q 到直线 l：$x + y = 1$ 的距离 d，我们
再求出当点 Q 在双曲线的一支 m 上变动时，$Q\left(-\dfrac{1}{a}, -\dfrac{1}{b}\right)$ 到直
线 l 的距离 d 的最小值：

$$d = \frac{\left| -\dfrac{1}{a} - \dfrac{1}{b} - 1 \right|}{\sqrt{2}} = \frac{1 + \dfrac{1}{a} + \dfrac{1}{b}}{\sqrt{2}} = \frac{ab + a + b}{\sqrt{2}ab}$$

$$= \frac{1 + ab}{\sqrt{2}ab} = \frac{1}{\sqrt{2}} + \frac{1}{\sqrt{2}ab}。$$

由 $\dfrac{a+b}{2} \geqslant \sqrt{ab}$ 及 $a + b = 1$ 得 $ab \leqslant \dfrac{1}{4}$，代入上式得

$$d \geqslant \frac{1}{\sqrt{2}} + \frac{4}{\sqrt{2}} = \frac{5}{\sqrt{2}},$$

于是得到 $|PQ| \geqslant d \geqslant \dfrac{5}{\sqrt{2}}$，从而有 $|PQ|^2 \geqslant \dfrac{25}{2}$。

注 本题若不从几何上考虑，直接通过代数计算来证明，也
不复杂。

5. **解法 1**　令 $\begin{cases} u=2-\cos x, \\ v=2-\sin x, \end{cases}$ 消去参数 x，得 $(u-2)^2+(v-$

$2)^2=1$，于是原问题转化为已知 u，v 适合条件 $(u-2)^2+(v-2)^2=$

1，求函数 $y=\dfrac{v}{u}$ 的最大值和最小值。恰与例 3.37 同（注意　这时

的坐标平面是 u-v 平面）。

解法 2　设有 $A(\cos x，\sin x)$，$B(2，2)$，则 $y=\dfrac{2-\sin x}{2-\cos x}$ 右

端的几何意义是直线 AB 的斜率。于是原问题转化为当点 A 在圆

$u^2+v^2=1$ 上变动，B 为定点 $(2，2)$ 时，连线 AB 斜率的最大值和

最小值。由几何知，当 AB 与圆相切时，斜率取得最大值和最小值

（如第 5 题图）。过 B 的直线 l：$y-2=k(x-2)$ 与圆心（原点 O）距

离为 1 时，l 与圆相切。由 $(0，0)$ 到 l：$kx-y+2-2k=0$ 的距离

$$\frac{|2-2k|}{\sqrt{1+k^2}}=1，\quad 即 (2-2k)^2=1+k^2，$$

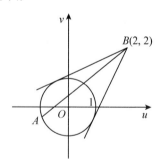

第 5 题图

解得 $k=\dfrac{4\pm\sqrt{7}}{3}$，即相切时 l 的斜率为 $\dfrac{4\pm\sqrt{7}}{3}$，于是所求为

$$y_{\max}=\frac{4+\sqrt{7}}{3}，\qquad y_{\min}=\frac{4-\sqrt{7}}{3}。$$

习题 10

1. 设定圆圆心为 O，半径为 R，动圆圆心为 O_1，半径为 r，$r>R$。动圆与定圆正好相切于动圆上的点 M 时，记切点为 A，以点 O 为坐标原点，以射线 OA 为 x 轴正半轴，建立平面直角坐标系（如第 1 题图）。

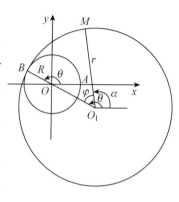

第 1 题图

当动圆滚过 φ 角以后，到达如图所示位置，圆心在 O_1，两圆相切于点 B，点 $M(x, y)$ 在图中所示位置。

因为是无滑动的滚动，所以大圆上的弧 $\overgroup{BM}$ 与小圆上的弧 $\overgroup{BA}$ 长度相等。记 $\angle MO_1B=\varphi$，$\angle AOB=\theta$，则有 $\varphi r=\theta R$，所以有 $\theta=\dfrac{r}{R}\varphi$。因为 $\overrightarrow{OO_1}$ 与 $\overrightarrow{OB}$ 反向，$\overrightarrow{OB}$ 与 x 轴正向夹角为 θ，所以 $\overrightarrow{OO_1}$ 与 x 轴正向夹角为 $\pi+\theta$。记 $\overrightarrow{O_1M}$ 与 x 轴正向夹角为 α，因为 O_1，O，B 三点共线，$\overrightarrow{O_1B}$ 与 $\overrightarrow{OB}$ 同向，所以 $\overrightarrow{O_1B}$ 与 x 轴正向夹角亦为 θ，因此 $\alpha=\theta-\varphi=\dfrac{r}{R}\varphi-\varphi$。又 $|OO_1|=r-R$，$|O_1M|=r$，于是有

$$(x, y)=\overrightarrow{OO_1}+\overrightarrow{O_1M}$$

$$=((r-R)\cos(\pi+\theta),\ (r-R)\sin(\pi+\theta))+(r\cos\alpha,\ r\sin\alpha)$$

$$=(-(r-R)\cos\theta,\ -(r-R)\sin\theta)+(r\cos(\theta-\varphi),\ r\sin(\theta-\varphi))$$

$$=\left((R-r)\cos\dfrac{r}{R}\varphi,\ (R-r)\sin\dfrac{r}{R}\varphi\right)+$$

$$\left(r\cos\left(\dfrac{r}{R}\varphi-\varphi\right),\ r\sin\left(\dfrac{r}{R}\varphi-\varphi\right)\right)$$

$$= \left((R-r)\cos \frac{r}{R}\varphi + r\cos \left(\frac{r}{R}\varphi - \varphi \right) , \right.$$

$$\left. (R-r)\sin \frac{r}{R}\varphi + r\sin \left(\frac{r}{R}\varphi - \varphi \right) \right) 。$$

令 $\dfrac{r}{R}=m>1$，得轨迹方程为

$$\begin{cases} x=(R-mR)\cos m\varphi + mR\cos (\varphi - m\varphi), \\ y=(R-mR)\sin m\varphi - mR\sin (\varphi - m\varphi), \end{cases} \quad (m>1)。 \quad (1)$$

方程(1)的形式与内摆线方程(§4.1方程(2))的形式相同，但内摆线方程要求 $0<m<1$，而这里却要求 $m>1$。那么方程(1)表示何种曲线呢?

令 $m'=m-1$，因为 $m>1$，所以 $m'>0$，于是有 $m=m'+1$，代入式(1)得

$$x=(R-m'R-R)\cos (m'\varphi + \varphi) + (m'R+R)\cos (\varphi - m'\varphi - \varphi)$$

$$=-m'R\cos (m'\varphi + \varphi) + (m'R+R)\cos m'\varphi,$$

$$y=-m'R\sin (m'\varphi + \varphi) + (m'R+R)\sin m'\varphi,$$

即 $\begin{cases} x=(R+m'R)\cos m'\varphi - m'R\cos (\varphi + m'\varphi), \\ y=(R+m'R)\sin m'\varphi - m'R\sin (\varphi + m'\varphi), \end{cases} \quad (m'>0)。$

与外摆线方程(§4.1方程(4))完全一样。因此上述方程(1)表示一条外摆线。即当两圆相内切，大圆绕小圆滚动时，大圆上一点 M 的轨迹是一条外摆线。

因此，若我们把运动员的腿近似地看成圆柱形，则绕其转动的藤圈上的一点在空中描绘出一条外摆线。(可将本题讨论的情形，补充到§4.1的表4.1中。)

习题 11

1. 证法 1　设椭圆的离心率为 e，右焦点为 F，右准线为 l，l 的方程为 $x=\dfrac{a}{e}$。设 P_1，P_2，P_3 到 l 的距离分别为 d_1，d_2，d_3，这三点的焦半径分别为 $|P_1F|$，$|P_2F|$，$|P_3F|$（如第 1 题图(a)），于是由椭圆的定义（圆锥曲线的统一定义）得

$$\frac{|P_1F|}{d_1}=\frac{|P_2F|}{d_2}=\frac{|P_3F|}{d_3}=e。$$

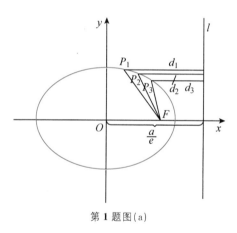

第 **1** 题图(a)

设 P_1，P_2，P_3 的横坐标分别为 x_1，x_2，x_3，则有

$$x_1=\frac{a}{e}-d_1=\frac{a}{e}-\frac{|P_1F|}{e}=\frac{1}{e}(a-|P_1F|)，$$

$$x_2=\frac{a}{e}-d_2=\frac{1}{e}(a-|P_2F|)，$$

$$x_3=\frac{a}{e}-d_3=\frac{1}{e}(a-|P_3F|)。$$

若 $|P_1F|$，$|P_2F|$，$|P_3F|$ 成等差数列，即 $|P_1F|+|P_3F|=2|P_2F|$，

于是有

$$x_1 + x_3 = \frac{1}{e}\left[2a - (|P_1F| + |P_3F|)\right] = \frac{2}{e}(a - |P_2F|) = 2x_2,$$

即 x_1，x_2，x_3 也成等差数列。反过来，若 x_1，x_2，x_3 成等差数列，即 $x_1 + x_3 = 2x_2$，于是得到

$$|P_1F| + |P_3F| = 2|P_2F|,$$

即 $|P_1F|$，$|P_2F|$，$|P_3F|$ 也成等差数列。

对于左焦点则用左准线，证法同上。

上述证法，着重从几何直观上考察，作出相应的准线，利用了椭圆的定义（统一定义），通过椭圆上一点的横坐标与该点到准线的距离之间的关系，得到一点的横坐标与该点的焦半径之间的关系，从而得到证明。本题也可以通过直接计算，导出椭圆上任一点的焦半径公式，从而得到证明（见证法 2）。

证法 2　设椭圆 $\dfrac{x^2}{a^2} + \dfrac{y^2}{b^2} = 1$ 上任一点 $P(x, y)$，焦点为 $F(c, 0)$，记 $|PF| = r$，则有 $r = \sqrt{(x-c)^2 + y^2}$。因为点 P 在椭圆上，所以 $y^2 = b^2\left(1 - \dfrac{x^2}{a^2}\right) = b^2 - \dfrac{b^2}{a^2}x^2$，于是得（注意到 $c^2 = a^2 - b^2$）

$$r = \sqrt{x^2 - 2cx + c^2 + b^2 - \frac{b^2}{a^2}x^2}$$

$$= \frac{1}{a}\sqrt{(a^2 - b^2)x^2 - 2ca^2x + a^2(c^2 + b^2)}$$

$$= \frac{1}{a}\sqrt{c^2x^2 - 2ca^2x + a^4} = \frac{1}{a}|cx - a^2| = \frac{1}{a}(a^2 - cx)。$$

（这是因为 $c < a$，$x \leqslant a$，所以 $cx < a^2$。）由 $\dfrac{c}{a} = e$，得 $r = a - ex$，这就是焦半径公式。

　　记 P_1，P_2，P_3 的焦半径为 r_1，r_2，r_3，它们的横坐标为 x_1，x_2，x_3，则由上述焦半径公式可得 r_1，r_2，r_3 成等差数列的充要条件是 x_1，x_2，x_3 也成等差数列。

　　对于左焦点可得焦半径公式为 $r=a+ex$。

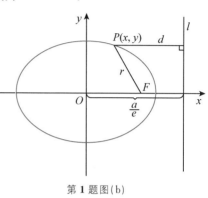

第 1 题图(b)

　　当然，如果从几何上考察，作出准线，利用统一定义，则焦半径公式的推导要简单得多。如第 1 题图(b)所示，对于右焦点 F 及右准线 l：$x=\dfrac{a}{e}$，点 $P(x，y)$ 的焦半径记为 r，P 到准线 l 的距离记为 d，则有 $\dfrac{r}{d}=e$，于是有

$$r=ed=e\left(\dfrac{a}{e}-x\right)=a-ex.$$

把题设中的椭圆换成双曲线，即可得到一个完全类似的问题。

　　问题 1　求证：双曲线 $\dfrac{x^2}{a^2}-\dfrac{y^2}{b^2}=1$ 上三点 P_1，P_2，P_3 的焦半径成等差数列的充要条件是这三点的横坐标也成等差数列。

　　证法与椭圆的情形完全类似，参见第 1 题图(c)。

　　将题设中的椭圆换成抛物线，又得一类似问题。

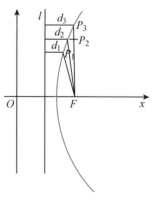

第 1 题图(c)

问题 2 求证：抛物线 $y^2 = 2px$ 上三点 P_1，P_2，P_3 的焦半径成等差数列的充要条件是这三点的横坐标也成等差数列。

证 作出准线 l：$x = -\dfrac{p}{2}$，记焦点为 F，P_1，P_2，P_3 的焦半径分别为 $|P_1F|$，$|P_2F|$，$|P_3F|$，P_1，P_2，P_3 到准线 l 的距离分别为 d_1，d_2，d_3（如第 1 题图(d)）。由抛物线的定义有 $|P_1F| = d_1$，$|P_2F| = d_2$，$|P_3F| = d_3$。设 P_1，P_2，P_3 的横坐标分别为 x_1，x_2，x_3，于是有 $x_1 = d_1 - \dfrac{p}{2}$，

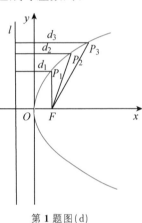

第 1 题图(d)

$x_2 = d_2 - \dfrac{p}{2}$，$x_3 = d_3 - \dfrac{p}{2}$，即 $x_1 = |P_1F| - \dfrac{p}{2}$，$x_2 = |P_2F| - \dfrac{p}{2}$，$x_3 = |P_3F| - \dfrac{p}{2}$，这就是说，抛物线上任一点的焦半径与它的横坐标总相差同一个常数，因此，若 $|P_1F|$，$|P_2F|$，$|P_3F|$ 成等差数列，则 x_1，x_2，x_3 也成等差数列，反过来也对。

2. 设圆的方程为 $x^2 + y^2 = a^2$，直径 A_1A_2 端点的坐标为 $A_1(-a, 0)$，$A_2(a, 0)$，P_1P_2 为与 A_1A_2 垂直的弦，设 $P_1(x_0, y_0)$，则有 $P_2(x_0, -y_0)$。于是直线 A_1P_1 的方程为

$$\frac{x + a}{x_0 + a} = \frac{y}{y_0}。 \tag{1}$$

直线 A_2P_2 的方程为

$$\frac{x - a}{x_0 - a} = \frac{y}{-y_0}。 \tag{2}$$

设 A_1P_1 与 A_2P_2 的交点为 $P(x, y)$，则点 P 的坐标同时满足方程

(1)和(2)。由于 $P_1(x_0, y_0)$ 是圆上任一点,所以参数 x_0,y_0 满足条件

$$x_0^2 + y_0^2 = a^2 。 \tag{3}$$

从方程(1)(2)(3)中消去参数 x_0,y_0。

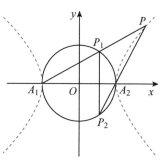

由(1)(2)得

$$\frac{x+a}{x_0+a} = -\frac{x-a}{x_0-a},$$

解得 $x_0 = \dfrac{a^2}{x}$,代入(1)得 $y_0 = \dfrac{ay}{x}$,将 x_0,y_0 代入(3)得

$$x^2 - y^2 = a^2,$$

第 2 题图(a)

这就是所求轨迹的方程,它表示一条等轴双曲线(第 2 题图(a))。

将题设中圆的直径换成椭圆的长轴,可得一类似的问题。

问题 1　设 A_1,A_2 是椭圆 $\dfrac{x^2}{a^2} + \dfrac{y^2}{b^2} = 1(a>b>0)$ 长轴的两个端点,P_1P_2 是与 A_1A_2 垂直的弦,求直线 A_1P_1 与 A_2P_2 交点的轨迹。

解法与原题完全类似,只需将 x_0,y_0 满足的条件(3)换成

$$\frac{x_0^2}{a^2} + \frac{y_0^2}{b^2} = 1 \tag{$3)'$}$$

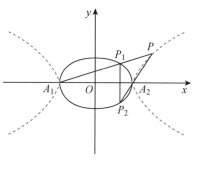

即可。从(1)(2)(3)′ 中消去参数 x_0,y_0 得到 $\dfrac{x^2}{a^2} - \dfrac{y^2}{b^2} = 1$,是一条双曲线(该轨迹双曲线的实轴和虚轴恰好分别是题设中椭圆的长轴和短轴,如第 2 题图(b))。

第 2 题图(b)

若将问题 1 中的长轴换成短

轴，又得一类似问题。

问题 2　设 A_1，A_2 是椭圆 $\dfrac{x^2}{a^2}+\dfrac{y^2}{b^2}=1\ (a>b>0)$ 短轴的两个端点，P_1P_2 是与 A_1A_2 垂直的弦。求直线 A_1P_1 与 A_2P_2 交点的轨迹。

解法与原题完全类似，得所求轨迹方程为 $\dfrac{y^2}{b^2}-\dfrac{x^2}{a^2}=1$，是一条双曲线（该双曲线的实轴和虚轴恰好分别是题设中椭圆的短轴和长轴，如第 2 题图(c)）。

若将问题 1 和问题 2 题设中椭圆的长轴和短轴分别换成双曲线的实轴和虚轴，又可各得一个类似问题。

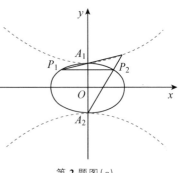

第 2 题图(c)

问题 3　设 A_1，A_2 是双曲线 $\dfrac{x^2}{a^2}-\dfrac{y^2}{b^2}=1$ 的实轴的两个端点，P_1P_2 是与 A_1A_2 垂直的弦，求直线 A_1P_1 与 A_2P_2 交点的轨迹。

解法与原题完全类似，得所求轨迹方程为 $\dfrac{x^2}{a^2}+\dfrac{y^2}{b^2}=1$，是一个椭圆（该椭圆的长轴和短轴恰好分别是题设双曲线的实轴和虚轴，（如第 2 题图(d)）。

问题 4　设 A_1，A_2 是双曲线 $\dfrac{x^2}{a^2}-\dfrac{y^2}{b^2}=1$ 的虚轴的两个端点，

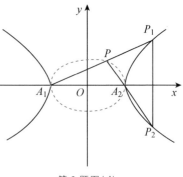

第 2 题图(d)

P_1P_2 是与 A_1A_2 垂直的弦，求直线 A_1P_1 与 A_2P_2 交点的轨迹。

解法与原题完全类似，得所求轨迹方程仍为 $\dfrac{x^2}{a^2}-\dfrac{y^2}{b^2}=1$，即所求轨迹就是题设中的那条双曲线(如第 2 题图(e))。

(真是太巧了，所求轨迹恰是题设中的曲线。如果你对所得结果有怀疑，一方面可以检验你的推导过程的每一步是否正确无误，另一方面可以取 P_1P_2 的某些特殊位置，具体作出交点，看看是否确实落在原双曲线上。例如取 P_1P_2 通过原点的情形，通

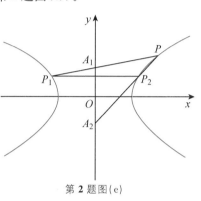

第 2 题图(e)

过 A_1 的情形，通过 A_2 的情形，等等。或者反过来，考察 P_1P_2 取什么位置时，交点恰是原双曲线的顶点，等等，这后一种检验会更有趣一些。)

再进一步，如果我们想把题设中的椭圆、双曲线换成抛物线，题设还要做哪些相应的改变呢？

因为抛物线的对称轴与抛物线只有一个交点(即顶点)，记为 A_1，我们不妨设想另一个交点 A_2 跑到无穷远的地方去了，因此 A_2P_2 可以想象成与对称轴平行。这样我们猜想，原题对于抛物线的类似情形是

问题 5　设 A 是抛物线 $y^2=2px$ 的顶点，P_1P_2 是垂直于抛物线对称轴(x 轴)的弦，求直线 AP_1 与过 P_2 且平行于对称轴的直线的交点的轨迹。

设 $P_1(x_0，y_0)$，则有 $P_2(x_0，-y_0)$，又知 $A(0，0)$，所以直线 AP_1 的方程为

$$\frac{x}{x_0} = \frac{y}{y_0}。 \tag{1}$$

过 P_2 平行于 x 轴的直线方程为

$$y = -y_0。 \tag{2}$$

设上述两直线的交点为 $P(x,$
$y)$，则 x，y 同时满足方程（1）
（2），又因为 $P_1(x_0, y_0)$ 是抛物
线 $y^2 = 2px$ 上任一点，所以参
数 x_0，y_0 满足条件

$$y_0^2 = 2px_0。 \tag{3}$$

从（1）（2）（3）中消去参数 x_0，
y_0，得 $y^2 = -2px$，这就是所求
轨迹的方程。它表示一条抛物
线，恰与题设抛物线关于 y 轴
对称（如第 2 题图(f)）。

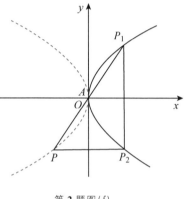

第 **2** 题图(f)

附录　我对解析几何的认识过程

从做学生学解析几何到最初当教师教解析几何，一直都是把解析几何看成是和平面几何同等的一门课，不同的地方是它用坐标的方法，把几何问题变成代数问题。因而觉得它几何味儿不浓，不像平面几何证题时需添加合适的辅助线，对思维的训练作用小于平面几何。因此有人调侃说，解析几何让人越学越笨（意指只需套公式），我也无力反驳。

后来从数学史（〔美〕克莱茵著《古今数学思想》）的学习中，了解了解析几何创立的历史（见§2），逐步认识到解析几何的创立对数学发展乃至整个科学技术发展的重要意义。经过思考和研究对解析几何方法的实质，也有了较为深入的了解和进一步的认识。

1. 提供了几何研究的一种新方法，促进了几何学的发展

解析几何通过坐标系，用方程表示曲线，用代数方法来研究几何问题，使得可以用近代数学的工具研究几何，使几何研究现代化。例如，用微分和积分的方法研究各种曲线和曲面的性质的微分几何学，就是以解析几何为基础的。如今解析几何方法，不仅已经成为几何研究的一个基本方法，而且远远超出数学的领域，被广泛应用于各种精确的自然科学领域之中了。

2. 将几何和代数结合起来，推动了数学的发展

笛卡儿借助坐标系，赋予二元一次方程和二元二次方程以生动的几何意义。用方程来表示曲线，从而使互相隔绝的代数与几何之间架起一座桥梁，使这两大学科互相结合携手共进。由于有

了解析几何，一方面几何概念可以用代数表示，几何目的可以通过代数达到；另一方面，给代数概念以几何解释，可以直观地掌握这些概念的意义，又可以得到启发去提出新的结论。拉格朗日在他的《数学概要》中指出："只要代数同几何分道扬镳，它们的进展就缓慢，它们的应用就狭窄，但是当这两门学科结成伴侣时，它们就互相吸取新鲜的活力，从那以后，就以快速的步伐走向完善。"的确，17世纪以来数学的巨大发展，在很大程度上应归功于解析几何。可以说，微分学和积分学的建立和发展，如果没有解析几何的预先发展是难以想象的。解析几何和微积分的建立使数学从此进入了变量数学的新时期。

3. 提供了科学技术迫切需要的数量工具，促进了科学技术的发展进步

17世纪以来科学技术的发展迫切需要一个数量工具，例如，当开普勒发现行星沿椭圆轨道绕太阳运动，伽利略发现抛出去的石子沿着抛物线轨道飞出去时，就必须计算这些椭圆和抛物线轨迹了。科学技术的发展迫切需要数量知识。而古希腊人的欧几里得几何不能适应这种要求。笛卡儿说："我决心放弃那个仅仅是抽象的几何，这就是说，不再去考虑那些仅仅是用来训练思想的问题。我这样做是为了研究另一种几何，即目的在于解释自然现象的几何。"研究物理世界，似乎首先需要几何，物体基本上是几何的形象，物体运动的路线是曲线，研究它们时，都需要数量知识。而解析几何使人能把形象和路线表示为代数形式，从而导出数量知识。

4. 开了"科学杂交"的先河，是对科学方法论的伟大贡献

笛卡儿创立解析几何，应用一门学科的方法研究解决另一门

学科的问题，在科学发展史上是一个了不起的贡献。

解析几何方法是数学方法论中应用"关系映射反演原则"的一个典范（徐利治著《数学方法论选讲》华中科技大学出版社 1983年）。

坐标平面上的点用数对$(x，y)$表示，曲线用方程 $F(x，y)=0$表示，这种对应关系即是映射关系。一个几何问题无非是要解决（确定）某些几何图形之间的某种关系的问题。这种关系结构在上述对应（映射）下便转化为代数式之间关系问题。通过代数运算求得所需要的关系，再翻译回去就得到原来几何图形之间的某种几何结论，这正是原来要解决的几何问题。用框图表示如下（如附图1）：

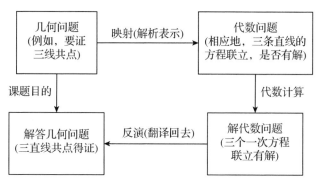

附图1

从方法论的角度看待解析几何，可使我们对解析几何方法的实质有了进一步的认识。

苏联几何学家波格列洛夫指出："解析几何没有严格确定的内容，对它来说，决定性的因素，不是研究对象，而是方法。这个方法的实质，在于用某种标准的方式，把方程（方程组）同几何对象（图形）相对应，使图形的几何关系，在其方程的性质中表现出来。"他这里所说的标准方式，是指通过坐标系。

解析几何的研究方法，包括两个步骤：

第 1 步   选取合适的坐标系，建立曲线的方程；

第 2 步   通过方程研究曲线的几何性质。

上述第 1 步是从几何到代数，把几何问题转化成代数问题；第 2 步是从代数到几何，把在代数上所得的结果翻译为几何。在方法论上属于

"变换—求解—反演（或逆变换）"

的模式。这里的"变换"是指通过坐标系，把几何问题变换成代数问题；"求解"是指用代数方法求解这个代数问题；"反演（或逆变换）"是指把所得代数结果再翻译为几何。我们学习解析几何就是要努力掌握解析几何的上述研究方法。

总起来说，解析几何的创立，给出了几何研究的新方法，推动几何学现代化；使几何代数相结合，促进数学的发展；提供科学技术发展需要的数量工具；是对方法论的一大贡献。

关于解析几何和（欧氏）平面几何的比较，即几何研究中的解析法和综合法的比较，§2.2 曾有论述，但后来认识到那还只是局限在技术层面的比较，从数学发展的角度分析，解析几何终将取代（欧氏）平面几何。

解析几何通过坐标系，用方程表示曲线，用代数方法来研究几何问题，使得可以用近代数学的工具研究几何，使几何研究现代化，而欧几里得的几何方法，孤立于现代数学，所以不能腾飞。

我国著名数学家吴文俊主张，就像小学数学要尽快离开用四则运算方法解应用题、进入方程方法一样，中学数学也要尽快离开欧几里得的平面几何而进入解析几何，这是因为算术四则运算

方法不能腾飞，而代数方程方法能腾飞，同样欧几里得的平面几何方法不能腾飞，而解析几何方法能腾飞。这里说的腾飞是指能与现代数学相连接。吴先生的上述主张适应了科学发展的要求，指明了教材改革的正确方向。平面几何中的难题训练可以休矣。

关于解析几何方法的几点思考：坐标变换对解析几何方法的重要意义；解析几何方法的反用——从代数到几何；重视几何直观能力的培养。

既然解析几何方法是通过坐标系，用方程表示曲线，用代数方法来研究几何问题的，那么会不会因为选取的坐标系位置不同，因而点的坐标就不同，曲线的方程就不同，以致所得的结果就不同呢？即会不会对于同一个几何问题，由于选取的坐标系不同，因而所得的几何性质就不同呢？如果出现这种情况，那么解析几何方法就无效了。为此就需要研究坐标变换和坐标变换下的不变量，而且证明凡是表示图形的几何性质和几何量的代数表示式的值都是坐标变换下的不变量。因此我认为从理论上讲，坐标变换和坐标变换下的不变量，在解析几何中应该与坐标系和曲线与方程同样重要，是不可或缺的，是解析几何赖以生存的基础。

桥梁一般都是双向通行的，既然解析几何方法能通过坐标系这个桥梁，把几何问题变成代数问题来解决，那么代数问题是否也能通过这个桥梁变成几何问题来解决呢？若某个代数问题能在某个坐标系下被赋予几何意义，则可变成几何问题来解决（详见§3.4）。认识到这一点对拓展解题思路大有益处。

由于解析几何方法是把几何问题变成代数问题来解决的，因此容易只注意问题的代数方面，而忽视从几何上来进行分析。拿到一道解析几何题，只知写出方程进行计算，不注意从几何上来进行思考。这样，对于一些条件比较复杂，关系较多的问题，计算会很繁杂，往往久久不能解决。我国一位著名的拓扑学家曾说过"灵感往往来自几何"。我们学习解析几何时，不能一味地只知道计算，也要注意培养从几何直观上分析问题的能力，包括熟知各种代数表示的几何意义，并在代数与几何之间灵活转换。

　　以上就是我对解析几何的认识过程，写出来和大家交流。